环球网校

严格按照全新考试大纲编写

二级建造师执业资格考试

同步章节习题集

建设工程施工管理

环球网校建造师考试研究院　主编

东南大学出版社
SOUTHEAST UNIVERSITY PRESS
·南京·

图书在版编目(CIP)数据

建设工程施工管理 / 环球网校建造师考试研究院主编. -- 南京：东南大学出版社，2024.7

二级建造师执业资格考试同步章节习题集

ISBN 978-7-5766-0962-2

Ⅰ.①建… Ⅱ.①环… Ⅲ.①建筑工程-施工管理-资格考试-习题集 Ⅳ.①TU71-44

中国国家版本馆 CIP 数据核字(2023)第 215257 号

责任编辑：马伟　责任校对：韩小亮　封面设计：环球网校·志道文化　责任印制：周荣虎

建设工程施工管理

Jianshe Gongcheng Shigong Guanli

主　　编：环球网校建造师考试研究院

出版发行：东南大学出版社

出 版 人：白云飞

社　　址：南京四牌楼 2 号　邮编：210096　电话：025-83793330

网　　址：http://www.seupress.com

电子邮件：press@seupress.com

经　　销：全国各地新华书店

印　　刷：三河市中晟雅豪印务有限公司

开　　本：787 mm×1092 mm　1/16

印　　张：11

字　　数：290 千字

版　　次：2024 年 7 月第 1 版

印　　次：2024 年 7 月第 1 次印刷

书　　号：ISBN 978-7-5766-0962-2

定　　价：49.00 元

本社图书若有印装质量问题，请直接与营销部联系。电话(传真)：025-83791830

环球君带你学管理

二级建造师执业资格考试实行全国统一大纲，各省、自治区、直辖市命题并组织的考试制度，分为综合科目和专业科目。综合考试涉及的主要内容是二级建造师在建设工程各专业施工管理实践中的通用知识，它在各个专业工程施工管理实践中具有一定普遍性，包括《建设工程施工管理》《建设工程法规及相关知识》2个科目，这2个科目为各专业考生统考科目。专业考试涉及的主要内容是二级建造师在专业工程施工管理实际工程中应该掌握和了解的专业知识，有较强的专业性，包括建筑工程、市政公用工程、机电工程、公路工程、水利水电工程等专业。

二级建造师《建设工程施工管理》考试时间为120分钟，满分100分。试卷共有两道大题：单项选择题、多项选择题。其中，单项选择题共60题，每题1分，每题的备选项中，只有1个最符合题意。多项选择题共20题，每题2分，每题的备选项中，有2个或2个以上符合题意，至少有1个错项。错选，本题不得分；少选，所选的每个选项得0.5分。

做题对于高效复习、顺利通过考试极为重要。为帮助考生巩固知识、理顺思路，提高应试能力，环球网校建造师考试研究院依据二级建造师执业资格考试全新考试大纲，精心选择并剖析常考知识点，深入研究历年真题，倾心打造了这本同步章节习题集。环球网校建造师考试研究院建议您按照如下方法使用本书。

◇学练结合，夯实基础

环球网校建造师考试研究院依据全新考试大纲，按照知识点精心选编同步章节习题，并对习题进行了分类——标注“必会”的知识点及题目，需要考生重点掌握；标注“重要”的知识点及题目，需要考生会做并能运用；标注“了解”的知识点及题目，考生了解即可，不作为考试重点。建议考生制订适合自己的学习计划，学练结合，扎实备考。

◇学思结合，融会贯通

本书中的每道题目均是环球网校建造师考试研究院根据考试频率和知识点的考查方向精挑细选出来的。在复习备考过程中，建议考生勤于思考、善于总结，灵活运用所学知识，提升抽丝剥茧、融会贯通的能力。此外，建议考生对错题进行整理和分析，从每一道具体的错题入手，分析错误的知识原因、能力原因、解题习惯原因等，从而完善知识体系，达到高效备考的目的。

◇系统学习，高效备考

在学习过程中，一方面要抓住关键知识点，提高做题正确率；另一方面要关注知识体系的构建。在掌握全书知识脉络后，一定要做套试卷进行模拟考试。考生还可以扫描目录中的二维码，进入二级建造师课程+题库App，随时随地移动学习海量课程和习题，全方位提升应试水平。

本套辅导用书在编写过程中，虽几经斟酌和校阅，仍难免有不足之处，恳请广大读者和考生予以批评指正。

相信本书可以帮助广大考生在短时间内熟悉出题“套路”、学会解题“思路”、找到破题“出路”。在二级建造师执业资格考试之路上，环球网校与您相伴，助您一次通关！

请大胆写出你的得分目标__________

环球网校建造师考试研究院

目 录

第一章 施工组织与目标控制

第二章 施工招标投标与合同管理

第三章 施工进度管理

第四章 施工质量管理

第五章 施工成本管理

第六章 施工安全管理

第七章　绿色施工及环境管理

第八章　施工文件归档管理及项目管理新发展

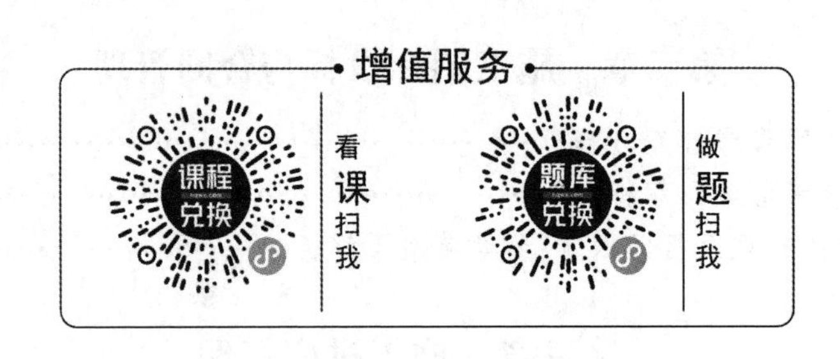

注：斜杠后的页码为对应的参考答案与解析，方便您更高效地使用本书。祝您顺利通关！

PART 1

第一章 施工组织与目标控制

学习计划：

扫码做题
熟能生巧

天行健 君子以自强不息

第一节　工程项目投资管理与实施

知识脉络

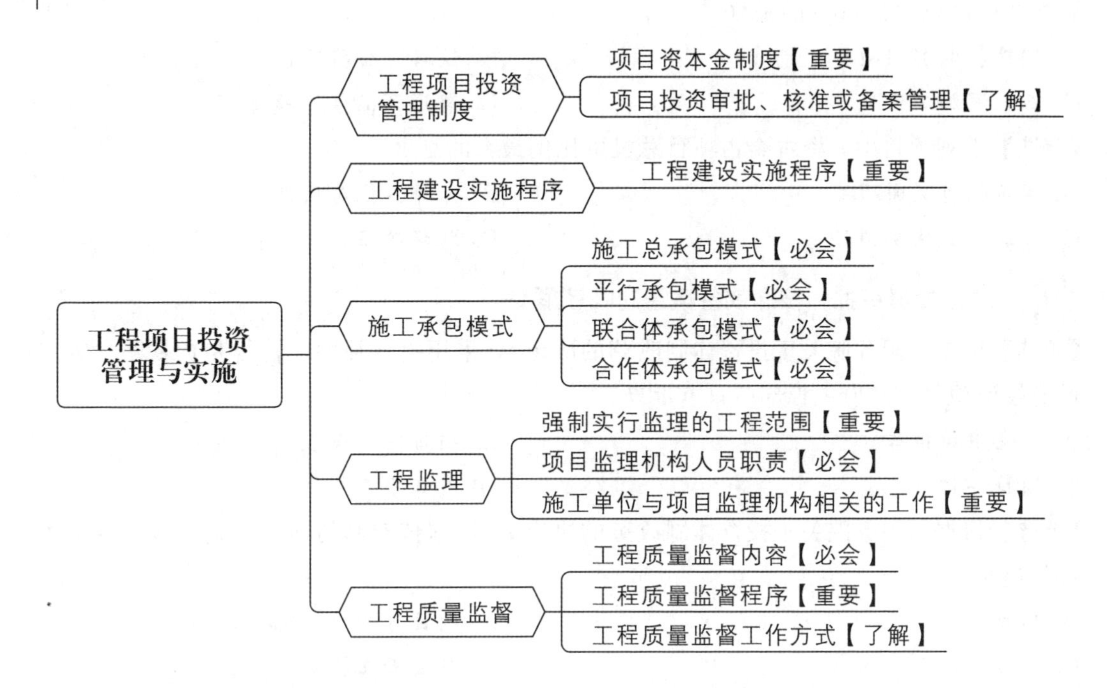

考点 1　项目资本金制度【重要】

1. 【单选】下列关于项目资本金制度的说法，错误的是（　　）。
   A. 公益性投资项目不实行资本金制度
   B. 项目资本金是指在项目总投资中由投资者认缴的出资额，这里的总投资是指投资项目的固定资产投资与铺底流动资金之和
   C. 项目资本金属于非债务性资金，项目法人不承担这部分资金的任何利息和债务
   D. 投资者可按项目资本金的出资比例依法享有所有者权益，不可以转让其出资，也不得以任何方式抽回

2. 【单选】按照《国务院关于固定资产投资项目试行资本金制度的通知》规定，不实行资本金制度的项目是指（　　）。
   A. 基本建设项目　　B. 技术改造项目
   C. 房地产开发项目　　D. 公益性投资项目

3. 【多选】项目资本金的出资方式除现金外，还可以采用的出资方式包括经过有资格的资产评估机构评估作价后的（　　）。
   A. 实物　　B. 工业产权
   C. 非专利技术　　D. 土地使用权
   E. 股票

4. 【单选】除国家对采用高新技术成果有特别规定外，固定资产投资项目资本金中以工业产权、非专利技术作价出资的比例不得超过该项目资本金总额的（　　）。

A. 10%　　B. 15%

C. 20%　　D. 50%

5. 【单选】根据《国务院关于决定调整固定资产投资项目资本金比例的通知》，投资项目最低资本金比例要求为40%的是（　　）。

A. 钢铁、电解铝项目　　B. 铁路、公路项目

C. 玉米深加工项目　　D. 普通商品住房项目

6. 【单选】下列项目中，资本金占项目总投资比例最大的是（　　）。

A. 城市轨道交通项目　　B. 保障性住房项目

C. 普通商品住房项目　　D. 机场项目

考点 2　项目投资审批、核准或备案管理【了解】

1. 【单选】根据《国务院关于投资体制改革的决定》，采用投资补助、转贷和贷款贴息方式的政府投资项目，政府主管部门只审批（　　）。

A. 资金申请报告　　B. 项目申请报告

C. 项目备案表　　D. 开工报告

2. 【单选】根据《国务院关于投资体制改革的决定》，实施核准制的项目，企业应向政府主管部门提交（　　）。

A. 项目建议书　　B. 项目可行性研究报告

C. 项目申请书　　D. 项目开工报告

3. 【单选】根据《国务院关于投资体制改革的决定》，实行备案制的项目是（　　）。

A. 政府直接投资的项目

B. 采用资本金注入方式的政府投资项目

C. 《政府核准的投资项目目录》外的企业投资项目

D. 《政府核准的投资项目目录》内的企业投资项目

4. 【单选】根据《国务院关于投资体制改革的决定》，对于采用直接投资和资本金注入方式的政府投资项目，政府需要严格审批其（　　）。

A. 初步设计和概算　　B. 开工报告

C. 资金申请报告　　D. 项目核准报告

考点 3　工程建设实施程序【重要】

1. 【多选】任何项目均需要经过投资决策和建设实施两大阶段，下列关于项目决策和实施的说法，正确的有（　　）。

A. 工程项目生命期包含投资决策和建设实施两个阶段

B. 建设工程全寿命期包含投资决策和建设实施两个阶段

C. 建设实施阶段包含工程保修阶段

D. 建设准备环节是建设实施阶段的首要环节

E. 竣工验收是建设实施程序中的最后一个环节

2. 【单选】为解决重大技术问题，在（　　）之后可增加技术设计。

A. 方案设计　　B. 初步设计

C. 扩初设计　　D. 施工图设计

3. 【单选】工程建设实施阶段的首要环节是（　　）。

A. 工程勘察设计　　B. 建设准备

C. 工程施工　　D. 竣工验收

4. 【多选】下列工作中，属于建设准备工作的有（　　）。

A. 准备必要的施工图纸　　B. 办理施工许可证

C. 组建生产管理机构　　D. 办理工程质量监督手续

E. 审查施工图设计文件

5. 【多选】根据现行有关规定，建设项目经批准开工建设后，其正式开工时间应是（　　）的时间。

A. 任何一项永久性工程第一次正式破土开槽

B. 水库等工程开始进行测量放线

C. 在不需要开槽的情况下正式开始打桩

D. 公路工程开始进行现场准备

E. 铁路工程开始进行土石方工程

6. 【单选】（　　）是投资成果转入生产或使用的标志，也是全面考核工程建设成果、检验设计和工程质量的重要步骤。

A. 生产运行　　B. 竣工结算

C. 竣工验收　　D. 后评价

考点 4　施工总承包模式【必会】

1. 【单选】关于施工总承包管理方责任的说法，正确的是（　　）。

A. 与分包单位签订分包合同

B. 承担项目施工任务并对其工程质量负责

C. 组织和指挥施工总承包单位的施工

D. 负责对所有分包单位的管理及组织协调

2. 【单选】业主将设计和施工发包给专门从事工程设计和施工组织管理的工程管理公司，工程管理公司将设计和施工全部分包给其他设计和施工单位，专心致力于工程项目管理工作。该组织模式是（　　）。

A. 工程总承包管理模式　　B. 工程总承包模式

C. 总分包模式　　D. MC 承包模式

3. 【单选】与施工总承包模式相比，关于施工总承包管理模式的主要特点的说法，错误的是（　　）。

A. 一般业主只需要进行一次招标，招标及合同管理工作量大大减少

B. 施工总承包管理单位只收取总包管理费，不赚取总包与分包之间的差价

C. 总承包管理单位负责控制分包工程质量，符合工程质量的“他人控制”原则，因而有利于控制工程质量

D. 各分包合同界面由施工总承包管理单位负责确定，可减轻业主的组织协调工作量

4. 【单选】施工总承包模式在费用控制方面的主要特点是（　　）。

A. 在开工前就有较明确的合同价，有利于业主对总造价的早期控制

B. 在开工前合同价格不明确，不利于业主对总造价的早期控制

C. 投标人投标时，投标报价缺乏依据

D. 在施工过程中发生设计变更，产生索赔的可能性小

5. 【单选】施工总承包管理模式下，如施工总承包管理单位想承接该工程部分工程的施工任务，则其取得施工任务的合理途径应为（　　）。

A. 监理单位委托　　　　B. 投标竞争

C. 施工总承包人委托　　　　D. 自行分配

考点 5　平行承包模式【必会】

1. 【单选】某地铁工程施工中，业主将 12 个车站的土建工程分别发包给 12 个土建施工单位，将 12 座车站的机电安装工程分别发包给 12 家机电安装单位，这种承包模式属于（　　）模式。

A. 施工总承包　　　　B. 平行承包

C. 代建制　　　　D. 联合体总承包

2. 【多选】与施工总承包模式相比，平行承包模式的特点有（　　）。

A. 建设单位可在更大范围内选择施工单位

B. 建设单位组织协调工作量大

C. 建设单位合同管理工作量大

D. 有利于建设单位较早确定工程造价

E. 有利于建设单位向承包单位转移风险

3. 【单选】与施工总承包模式相比，平行承包模式存在的不利因素是（　　）。

A. 工程造价控制难度大　　　　B. 工程质量不易控制

C. 组织协调工作量小　　　　D. 有利于缩短建设工期

考点 6　联合体承包模式【必会】

【单选】关于建设工程施工联合体承包模式的特点，说法错误的是（　　）。

A. 业主的合同结构简单，组织协调工作量小

B. 有利于工程造价和工期控制

C. 所有施工单位与建设单位分别签订施工合同

D. 能够集中联合体各成员单位优势，增强抗风险能力

考点 7　合作体承包模式【必会】

1. 【单选】在合作体承包模式中，当合作体内某一家施工单位倒闭破产时，其风险将由（　　）承担。

A. 合作体内其他成员单位

B. 倒闭破产的施工单位

C. 建设单位

D. 施工总承包单位

2. 【单选】在合作体承包模式下，建设单位与（　　）签订施工承包意向合同（也称基本合同）。

A. 合作体内的某一家施工单位　　B. 合作体

C. 所有施工单位　　D. 施工总承包单位

考点 8　强制实行监理的工程范围【重要】

1. 【多选】根据《建设工程监理范围和规模标准规定》，关于必须实行监理的工程范围和规模标准的说法，正确的有（　　）。

A. 项目总投资额在3000万元以上的公用事业工程必须实行监理

B. 高层住宅及地基、结构复杂的多层住宅可以实行监理

C. 体育场馆项目必须实行监理

D. 总投资额在2000万元以上的水利建设项目必须实行监理

E. 政府直接投资的项目必须实行监理

2. 【单选】根据《建设工程质量管理条例》，下列建设工程中，必须实行监理的是（　　）。

A. 国有资金控股的工程　　B. 基础设施工程

C. 利用国际组织贷款的工程　　D. 公共卫生工程

3. 【单选】根据《建设工程监理范围和规模标准规定》，下列项目中，必须实行监理的是（　　）。

A. 建筑面积4000m^2的影剧院项目

B. 建筑面积40000m^2的住宅项目

C. 总投资额2800万元的新能源项目

D. 总投资额2700万元的社会福利项目

考点 9　项目监理机构人员职责【必会】

1. 【单选】下列监理人员的基本职责中，属于监理员职责的是（　　）。

A. 进行见证取样　　B. 处理工程索赔

C. 组织检查现场安全生产管理体系　　D. 进行工程计量

2. 【多选】根据《建设工程监理规范》（GB/T 50319—2013），下列属于总监理工程师职责的有（　　）。

A. 组织编制监理实施细则　　B. 组织审核分包单位资格

C. 参与工程质量安全事故的调查和处理　　D. 组织编写监理日志

E. 组织工程竣工预验收

3. 【多选】根据《建设工程监理规范》（GB/T 50319—2013），下列属于专业监理工程师职责的有（　　）。

A. 处置发现的质量问题和安全事故隐患

B. 组织编写监理月报

C. 负责编制监理实施细则

D. 复核工程计量有关数据

E. 参与验收分项工程

4. **【多选】**根据《建设工程监理规范》（GB/T 50319—2013），可由总监理工程师代表行使的职责和权力有（　　）。

A. 签发工程开工令

B. 确定项目监理机构人员及其岗位职责

C. 组织审查施工组织设计

D. 组织审核分包单位资格

E. 组织工程竣工预验收

考点10　施工单位与项目监理机构相关的工作【重要】

1. **【单选】**工程开工前，应由（　　）主持召开工程设计交底会议。

A. 设计单位　　B. 施工单位

C. 建设单位　　D. 监理单位

2. **【单选】**工程开工报审表及相关资料经总监理工程师签认并报送（　　）批准后，总监理工程师方可签发工程开工令。

A. 监理单位　　B. 建设单位

C. 施工单位　　D. 工程质量监督机构

3. **【多选】**根据《建设工程监理规范》（GB/T 50319—2013），项目监理机构对施工单位报送的施工组织设计的审查的基本内容有（　　）。

A. 编审程序是否符合相关规定

B. 资源供应计划是否满足工程施工需要

C. 工程质量保证措施是否符合施工合同要求

D. 工程材料质量证明文件是否齐全有效

E. 施工总平面布置是否科学合理

4. **【单选】**下列关于施工单位与项目监理机构相关工作的说法，正确的是（　　）。

A. 试验室报审属于施工准备阶段相关工作

B. 深基坑、地下暗挖、高大模板专项施工方案需要组织专家论证

C. 工程暂停令由专业监理工程师签发

D. 总监理工程师组织竣工验收

考点11　工程质量监督内容【必会】

1. **【单选】**下列关于工程质量监督的说法，正确的是（　　）。

A. 有固定的工作场所和监督所需要的仪器、设备和工具

B. 对工程质量责任主体行为监督包括核验工程质量保证资料

C. 核验工程质量保证资料是在工程实体质量抽查之前进行

D. 质量监督机构对工程施工中装饰装修的质量进行抽检

2. **【单选】**下列关于工程质量监督人员的说法，正确的是（　　）。

A. 工程质量监督人员可以没有专业配套的背景

B. 工程质量监督人员数量没有具体要求

C. 工程质量监督人员需要有适应工作需要的仪器、设备和工具

D. 工程质量监督人员不需要固定的工作场所

3. 【单选】下列关于建设工程质量监督的说法，正确的是（　　）。

A. 建设单位不在工程质量责任主体行为监督的范围内

B. 工程质量监督管理通常由建设行政主管部门具体实施

C. 工程质量监督仅对工程实体质量进行检查，不涉及质量责任主体行为

D. 工程质量监督包含对工程质量责任主体行为和工程实体质量的监督检查

考点 12　工程质量监督程序【重要】

1. 【单选】建设工程质量监督报告必须由（　　）签认，经审核同意并加盖单位公章后出具。

A. 总监理工程师　　B. 工程质量监督负责人

C. 建设单位项目负责人　　D. 建设行政主管部门负责人

2. 【多选】对某建设工程地基基础分部工程的施工，组织安排工程质量监督准备工作包括（　　）。

A. 编制工程质量监督计划　　B. 召开首次监督会议

C. 检查各方主体行为　　D. 抽查工程实体质量

E. 核验工程质量保证资料

3. 【多选】建设单位在申请办理工程质量监督手续时，需提供（　　）资料。

A. 施工图设计文件审查报告和批准书

B. 中标通知书和施工、监理合同

C. 投标文件

D. 施工组织设计和监理规划

E. 建设单位、施工单位和工程监理单位的项目负责人

4. 【单选】工程质量监督申报手续应在工程项目（　　）向工程质量监督机构办理。

A. 开工之日起 7 日内，由建设单位

B. 开工前，由建设单位

C. 开工前，由施工单位

D. 开工之日起 7 日内，由施工单位

考点 13　工程质量监督工作方式【了解】

1. 【多选】在工程质量监督过程中，属于工程质量文件资料的有（　　）。

A. 施工组织设计　　B. 施工原始记录

C. 设备使用说明书　　D. 混凝土及砂浆试验报告

E. 隐蔽工程质量验收记录

2. 【单选】在进行工程质量监督时，监督机构采用的随机抽查方式主要是检查（　　）。

A. 施工前的准备情况

B. 全部工程项目

C. 关键工点和工序、影响结构安全和使用功能的部位

D. 工程完工后的整体质量

第二节　施工项目管理组织与项目经理

知识脉络

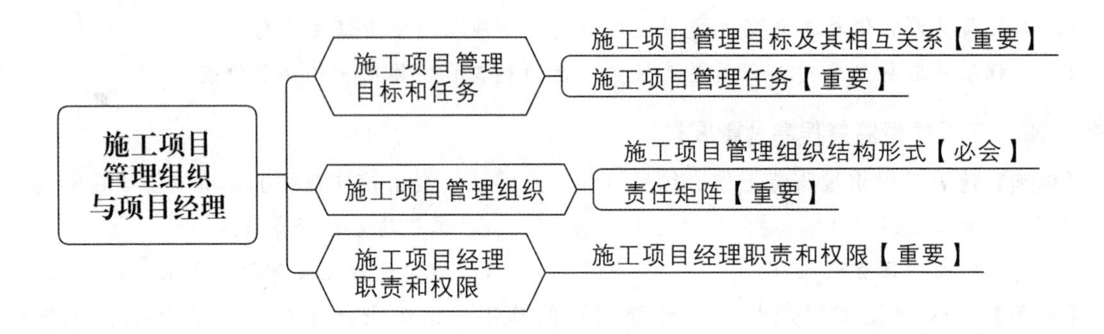

考点 1　施工项目管理目标及其相互关系【重要】

1. **【单选】**施工项目管理也即施工方项目管理，是指施工单位为履行工程施工合同，以（　　）为核心，对工程施工全过程进行计划、组织、指挥、协调和控制的系统活动。

   A. 施工项目经理责任制　　　　B. 目标控制

   C. 合同管理　　　　D. 信息管理

2. **【单选】**在施工项目管理中，五大目标的最佳匹配性原则要求施工单位必须（　　）。

   A. 在确保施工安全的前提下，降低施工成本至最低

   B. 在任何情况下都优先考虑施工进度，缩短工期

   C. 力求五大目标达到整体目标系统最优，避免片面追求单一目标

   D. 仅在工程质量上做出调整，以适应其他四项目标的变化

3. **【单选】**下列建设工程质量、造价、进度三大目标之间的相互关系中，属于对立关系的是（　　）。

   A. 通过加快建设进度，尽早发挥投资效益

   B. 抢时间、争进度，会增加投资或降低工程质量

   C. 通过提高功能要求，大幅度提高投资效益

   D. 通过控制工程质量，减少返工费用

考点 2　施工项目管理任务【重要】

1. **【单选】**施工项目绿色施工管理的第一责任人是（　　）。

   A. 项目经理　　　　B. 建设单位负责人

   C. 施工单位负责人　　　　D. 项目专职安全员

2. **【单选】**在工程施工合同履行过程中，施工单位需要处理和调整众多复杂的组织关系，下列（　　）属于工程参建单位之间的协调。

   A. 与供水、供电等单位协调

   B. 与材料、设备、劳动力和资金等生产要素供应方面的协调

C. 与材料设备供应单位、加工单位等的协调

D. 施工现场项目管理机构内部各业务部门之间的协调

3. 【多选】下列关于施工项目管理目标和任务的说法，正确的有（　　）。

A. 施工方项目管理包括工程总承包的项目管理

B. 绿色施工是实现节能、节地、节水、节材、环境保护的施工活动

C. 施工项目经理是其所负责项目绿色施工管理的第一责任人

D. 对于危险性较大的分部分项工程，须编制专项施工方案并经项目技术负责人、总监理工程师签字后实施

E. 施工目标控制是施工项目管理的核心任务

考点 3　施工项目管理组织结构形式【必会】

1. 【单选】工程项目管理组织机构采用直线式组织结构的主要优点是（　　）。

A. 管理工作专业化，提高工程质量

B. 部门间横向联系强，管理效率高

C. 隶属关系明确，易实现统一指挥

D. 集权与分权结合，管理结构灵活

2. 【单选】关于职能式组织结构特点的说法，正确的是（　　）。

A. 项目经理属于“全能式”人才

B. 职能部门的指令，必须经过同层级领导的批准才能下达

C. 容易形成多头领导

D. 下级执行者职责清楚

3. 【单选】下列属于直线职能式组织结构的特点是（　　）。

A. 信息传递路径较短

B. 容易形成多头领导

C. 各职能部门间横向联系强

D. 各职能部门职责清楚

4. 【多选】项目管理采用矩阵式组织结构的特点有（　　）。

A. 组织结构稳定性强

B. 容易造成职责不清

C. 组织结构灵活性大

D. 实现集权与分权的最优结合

E. 每一个成员受双重领导

5. 【单选】某施工项目管理组织结构如下图所示，其组织形式是（　　）。

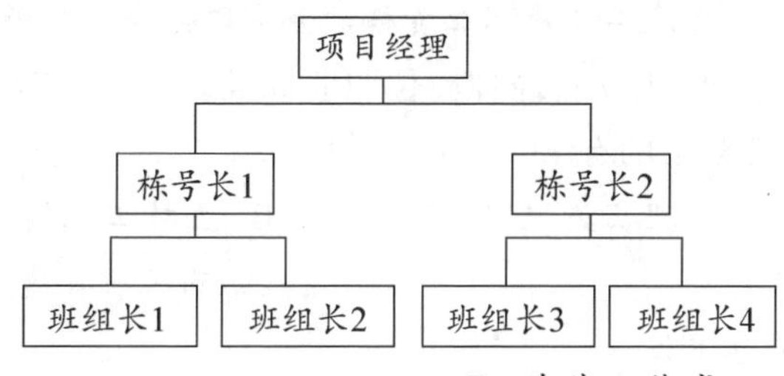

A. 直线式

B. 直线职能式

C. 职能式

D. 矩阵式

6. 【单选】对于技术复杂、各职能部门之间的技术界面比较繁杂的大型工程项目，宜采用的项目组织形式是（　　）组织形式。

A. 直线式

B. 弱矩阵式

C. 中矩阵式　　D. 强矩阵式

考点 4　责任矩阵【重要】

1.【单选】责任矩阵的编制程序的第一步是（　　）。

A. 以项目管理任务为行，以执行任务的个人或部门为列，画出纵横交叉的责任矩阵图

B. 列出参与项目管理及负责执行项目任务的个人或职能部门名称

C. 列出需要完成的项目管理任务

D. 检查各职能部门或人员的项目管理任务分配是否均衡适当

2.【单选】在责任矩阵图中，通常使用不同字母或符号来表示项目管理任务与执行者的责任关系，其中"P"通常代表（　　）。

A. 支持者或参与者　　B. 审核者

C. 负责人　　D. 协调者

3.【单选】（　　）是项目管理的重要工具，强调每一项工作需要由谁负责，表明每个人在整个项目中的角色地位。

A. 项目管理职能分工表　　B. 工作矩阵

C. 责任矩阵　　D. 组织分工

4.【单选】下列关于责任矩阵的说法，正确的是（　　）。

A. 编制责任矩阵的首要环节是列出参与项目管理的个人或职能部门名称

B. 责任矩阵编制完成后不能调整

C. 责任矩阵能清楚地显示各部门或个人的角色、职责和相互关系

D. 责任矩阵横向统计每个角色投入的总工作量

考点 5　施工项目经理职责和权限【重要】

1.【多选】根据《标准施工招标文件》通用合同条款规定，关于项目经理的说法，正确的有（　　）。

A. 施工项目经理是企业法定代表人

B. 承包人更换项目经理应事先征得监理单位同意

C. 承包人更换项目经理应在 14 天前通知发包人和监理人

D. 承包人项目经理短期离开施工场地，应事先征得建设单位同意

E. 项目经理需具有工程建设类相应职业资格，并应取得安全生产考核合格证书

2.【多选】根据《建设工程施工项目经理岗位职业标准》（T/CCIAT 0010—2019）规定，以下属于施工方项目经理职责的有（　　）。

A. 参与编制和落实项目管理实施规划　　B. 主持工地例会

C. 参与工程竣工验收　　D. 确保项目建设资金落实到位

E. 受企业委托选择分包单位

3.【单选】根据《建设工程施工项目经理岗位职业标准》（T/CCIAT 0010—2019），下列属于施工项目经理的权限的是（　　）。

A. 参与工程竣工验收　　B. 组织制定项目管理岗位职责

C. 组织制定和执行施工现场项目管理制度　　D. 主持项目经理部工作

第三节　施工组织设计与项目目标动态控制

知识脉络

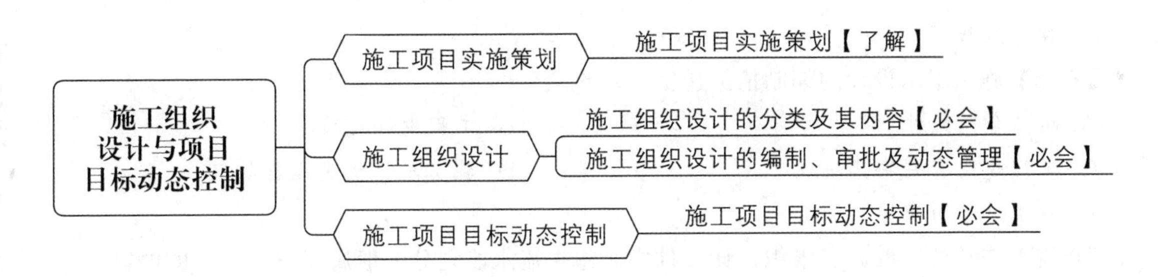

考点 1　施工项目实施策划【了解】

1.【单选】施工调查提纲应由（　　）负责编制。

A. 安全管理部门　　B. 质量管理部门

C. 工程物资管理部门　　D. 工程管理部门

2.【多选】建筑企业主要职能部门需要按职责分工进行项目实施策划，下列属于工程管理部门负责策划的内容有（　　）。

A. 确定工程测量管理方案

B. 确定临时工程标准和管理要求

C. 提出工期控制目标及施工组织总体安排意见

D. 提出项目培训工作管理要求

E. 提出专项施工方案初步意见

3.【多选】施工项目实施策划中，安全、质量、环保管理部门负责策划的内容包括（　　）。

A. 明确安全管理目标　　B. 提出专项施工方案初步意见

C. 明确应急预案编制及管理要求　　D. 提出项目培训工作管理要求

E. 提出劳务队伍准入管理要求

4.【多选】施工项目实施策划书应包括（　　）。

A. 工程水文地质情况　　B. 施工项目管理机构设置

C. 物资采购与供应　　D. 工程投标策略

E. 工程试验检测安排

考点 2　施工组织设计的分类及其内容【必会】

1.【多选】施工总进度计划是施工组织总设计的主要组成部分，编制施工总进度计划的主要工作有（　　）。

A. 确定总体施工准备条件

B. 计算工程量

C. 确定各单位工程施工期限

D. 确定各单位工程的开竣工时间和相互搭接关系

E. 确定主要施工方法

2. 【单选】根据施工总进度计划进行施工总平面布置时，办公区、生活区和生产区宜（　　）。

A. 分离设置

B. 集中布置

C. 充分利用既有建筑物和既有设施，增加生活区临时配套设施

D. 建在红线下

3. 【多选】施工组织设计的编制依据包括（　　）。

A. 施工合同文件　　B. 工程设计文件

C. 工程建设有关法律法规　　D. 施工单位机具设备状况

E. 施工总平面布置

4. 【单选】在单位工程施工组织设计文件中，施工流水段划分一般属于（　　）的内容。

A. 工程概况　　B. 施工进度计划

C. 施工部署　　D. 主要施工方案

5. 【单选】单位工程施工组织设计是以（　　）为对象编制的。

A. 整个建设工程项目　　B. 某些特别重要的工程

C. 单位工程　　D. 分部分项工程

6. 【多选】施工方案的主要内容包括（　　）。

A. 施工部署　　B. 施工进度计划

C. 施工准备与资源配置计划　　D. 施工安排

E. 主要施工方法

7. 【单选】施工方案技术准备工作不应包括（　　）。

A. 施工所需技术资料的准备

B. 试验检验和调试工作计划

C. 样板制作计划

D. 设备调试工作计划

考点 3 施工组织设计的编制、审批及动态管理【必会】

1. 【单选】根据《建筑施工组织设计规范》，施工组织总设计应由（　　）主持编制。

A. 总承包单位技术负责人　　B. 施工项目负责人

C. 总承包单位法定代表人　　D. 施工项目技术负责人

2. 【单选】根据《建筑施工组织设计规范》，单位工程施工组织设计应由（　　）审批。

A. 施工项目负责人　　B. 总承包单位负责人

C. 施工单位技术负责人　　D. 施工项目技术负责人

3. 【多选】下列具体情况中，施工组织设计应及时进行修改或补充的有（　　）。

A. 由于施工规范发生变更导致需要调整预应力钢筋施工工艺

B. 由于国际钢材市场价格大涨导致进口钢材无法及时供料，严重影响工程施工

C. 由于自然灾害导致工期严重滞后

D. 施工单位发现设计图纸存在严重错误，无法继续施工

E. 设计单位应业主要求对工程设计图纸进行了细微修改

4. 【单选】根据《建筑施工组织设计规范》，关于施工组织设计审批的说法，正确的是（ ）
   A. 专项施工方案应由项目技术负责人批准
   B. 施工方案应由项目总监理工程师审批
   C. 施工组织总设计应由建设单位技术负责人审批
   D. 单位工程施工组织设计应由承包单位技术负责人审批

考点 4 施工项目目标动态控制【必会】

1. 【单选】施工项目目标体系构建后，施工项目管理的关键在于（ ）。
   A. 项目目标动态控制　　B. 成本管理
   C. 偏差纠正　　D. 施工项目总目标的分析论证
2. 【多选】施工项目目标体系是有效控制施工项目目标的基本前提，也是施工项目管理是否成功的重要判据。下列有关说法正确的有（ ）。
   A. 确保工程质量、施工安全、绿色施工及环境管理目标符合工程建设强制性标准
   B. 定性分析与定量分析相结合，其中质量目标采用定性分析
   C. 以不同标段划分目标属于按项目组成分解
   D. 公路项目目标可按项目组成分解为桥梁工程目标、隧道工程目标、道路工程目标
   E. 施工项目的进度、质量、成本目标的优先顺序固定不变
3. 【单选】下列项目目标动态控制的纠偏措施中，属于合同措施的是（ ）。
   A. 建立健全组织机构和规章制度
   B. 合理处置工程变更和利用好施工索赔
   C. 采用工程网络计划技术进行动态控制
   D. 对工程变更方案进行技术经济分析
4. 【单选】在施工项目目标动态控制过程中，技术措施起着非常关键的作用。下列不属于技术措施的是（ ）。
   A. 改进施工方法和施工工艺
   B. 编制施工组织设计、施工方案并审查其技术可行性
   C. 建立施工项目目标控制工作考评机制
   D. 采用新技术、新材料、新工艺、新设备等“四新”技术
5. 【单选】下列施工成本管理措施中，属于经济措施的是（ ）。
   A. 强化动态控制中的激励，调动和发挥员工实现项目目标的积极性和创造性
   B. 采用价值工程方法进行动态控制
   C. 对工程变更方案进行技术经济分析
   D. 争取工期提前、合理化建议的奖励条款
6. 【单选】建立工程项目目标控制工作考评机制，属于（ ）措施。
   A. 组织　　B. 技术
   C. 合同　　D. 经济

PART 2

第二章 施工招标投标与合同管理

学习计划：

扫码做题
熟能生巧

铁杵磨成针
只要功夫深

第一节　施工招标投标

知识脉络

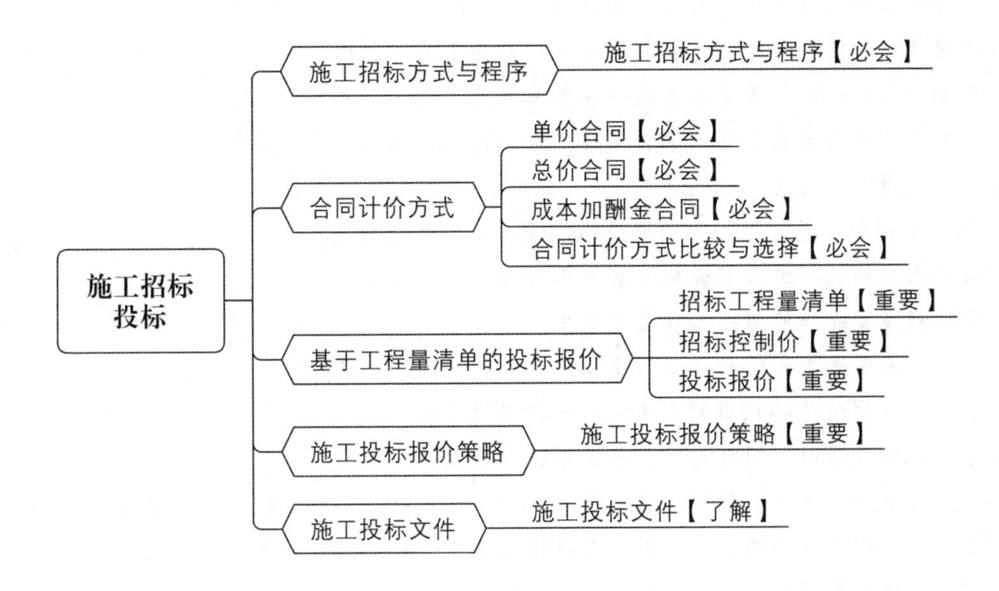

考点 1　施工招标方式与程序【必会】

1. **【单选】** 招标人以招标公告的方式邀请不特定的法人或者组织来投标，这种招标方式称为（　　）。

A. 公开招标　　　　B. 邀请招标

C. 议标　　　　D. 定向招标

2. **【单选】** 下列关于邀请招标的特点的说法中，不正确的是（　　）。

A. 应当向 3 个以上的潜在投标人发出投标邀请书

B. 只有接受投标邀请书的法人或者其他组织才可以参加投标竞争

C. 招标人以邀请书的方式发出投标邀请

D. 招标人以招标公告的方式发出投标邀请

3. **【多选】** 施工招标准备工作主要包括（　　）。

A. 组建招标组织　　　　B. 进行招标策划

C. 编制资格预审文件和招标文件　　　　D. 发布招标公告或发出投标邀请书

E. 组织现场踏勘

4. **【单选】** 招标人和中标人应当自中标通知书发出之日起（　　）日内，按照招标文件和中标人的投标文件订立书面合同。

A. 10　　　　B. 15

C. 30　　　　D. 60

5. **【单选】** 某评标委员会由招标人代表及有关技术、经济等方面的专家组成，成员人数为 7

人，其中技术、经济等方面的专家应为（　　）人。

A. 2　　B. 3

C. 4　　D. 5

6. 【多选】根据国家发展和改革委员会等九部委联合发布的《标准施工招标文件》，下列关于施工总承包模式特点的说法，正确的有（　　）。

A. 建设单位一般可得到较为满意的报价

B. 适用于建设单位管理能力差，规模大、专业复杂的工程

C. 适用于工艺成熟、专业不多的一般性工程

D. 有利于减少各专业之间因配合不当造成的窝工、返工、索赔风险

E. 工程报价相对较高

7. 【多选】下列关于招标过程中资格预审的说法，正确的有（　　）。

A. 投标人资格预审方法有合格制和有限数量制

B. 有限数量制能降低招标工作量和费用

C. 招标人和审查委员会对申请人主动提出的澄清或说明进行审查

D. 招标人向通过资格预审的申请人发出投标邀请书

E. 申请人的澄清或说明可以对资质证书进行修改

8. 【单选】下列关于施工过程中发售招标文件和组织现场踏勘的说法，正确的是（　　）。

A. 招标人在组织现场踏勘时，需要对投标人提出的有关问题做进一步说明

B. 投标人踏勘现场发生的费用由招标人承担

C. 招标人在规定的时间内，将对投标人所提问题的澄清，以书面方式通知所有购买招标文件的投标人

D. 招标人应在投标截止时间至少 5 日前，以书面形式将澄清内容通知所有获取招标文件的潜在投标人

9. 【单选】下列关于招标过程中开标与评标的说法，正确的是（　　）。

A. 开标时间即为投标截止时间

B. 已标价工程量清单中，单价金额小数点有明显错误的，须先做修改再评标

C. 对工程工期、工程质量、投标有效期进行审查属于施工组织设计评审

D. 投标文件中的大写金额与小写金额不一致时，作为废标处理

10. 【单选】下列关于工程评标方法中详细评审的说法，正确的是（　　）。

A. 经评审的最低投标价法，按投标价由高到低的顺序推荐中标候选人

B. 经评审的最低投标价法，主要考虑单价遗漏、付款条件等评审因素

C. 综合评估法，按得分由低到高的顺序推荐中标候选人

D. 综合评分相等时，由招标人自行确定

11. 【多选】按照《招标投标法》的要求，招标人如果自行办理招标事宜，应具备的条件包括（　　）。

A. 有编制招标文件的能力　　B. 已发布招标公告

C. 具有开标场地　　D. 有组织评标的能力

E. 已委托公证机关公证

12.【多选】按照国家有关规定需要履行项目审批、核准手续的依法必须进行招标的项目，其（　　）应当报项目审批、核准部门审批、核准。

A. 投标文件　　B. 招标文件

C. 招标范围　　D. 招标方式

E. 招标组织形式

考点 2　单价合同【必会】

1.【多选】当采用可调单价合同时，合同中可以约定合同单价调整的情况有（　　）。

A. 业主资金不到位

B. 实际工程量的变化超过一定比例

C. 承包商自身成本发生较大的变化

D. 市场价格变化达到一定程度

E. 国家政策发生变化

2.【单选】某施工承包合同采用单价合同，在签约时双方根据估算的工程量约定了一个总价。在实际结算时，合同总价与合同各项单价乘以实际完成工程量之和发生矛盾，则价款结算应以（　　）为准。

A. 签订的合同总价

B. 合同中的各项单价乘以实际完成的工程量之和

C. 双方重新协商确定的单价和工程量

D. 实际完成的工程量乘以重新协商的各项单价之和

考点 3　总价合同【必会】

1.【多选】一般情况下，固定总价合同适用的情形有（　　）。

A. 工程规模较小、技术不太复杂的中小型工程

B. 工程量小、工期短

C. 抢险、救灾工程

D. 招标时已有施工图设计文件，施工任务和发包范围明确

E. 实施过程中发生各种不可预见因素较多

2.【多选】可调总价合同中约定的合同价款，常用的调价方法有（　　）。

A. 文件证明法　　B. 横道图法

C. 票据价格调整法　　D. 因素分析法

E. 公式调价法

考点 4　成本加酬金合同【必会】

1.【单选】下列不能激励承包人努力降低成本和缩短工期的合同形式是（　　）。

A. 成本加浮动酬金合同　　B. 成本加固定酬金合同

C. 目标成本加奖罚合同　　D. 成本加固定百分比酬金合同

2.【单选】在成本加酬金合同中，若合同双方约定的酬金按实际发生的直接成本乘以某一百分比来计算，则这种合同形式称为（　　）。

A. 成本加固定酬金合同

B. 成本加固定百分比酬金合同

C. 成本加浮动酬金合同

D. 目标成本加奖罚合同

3.【单选】在成本加浮动酬金合同中，当实际成本超支时，酬金调整方式正确的是（　　）。

A. 实际成本与预期成本的差额将作为奖金增加到酬金中

B. 实际成本与预期成本的差额将作为罚金从酬金中减少

C. 实际成本超支不影响酬金数额

D. 实际成本超支部分按照固定百分比增加酬金

考点 5　合同计价方式比较与选择【必会】

1.【单选】下列不同计价方式的合同中，施工承包单位风险大，建设单位容易进行造价控制的是（　　）。

A. 单价合同　　B. 成本加浮动酬金合同

C. 总价合同　　D. 成本加百分比酬金合同

2.【多选】选择施工合同计价方式应考虑的因素有（　　）。

A. 承包人的资质等级和管理水平

B. 项目监理机构人数和人员资格

C. 招标时设计文件已达到的深度

D. 项目本身的复杂程度

E. 工期紧迫程度

3.【单选】对于技术先进且施工中有较大部分采用新技术、新工艺的工程，建设单位和施工单位缺乏经验，应选择的合同计价方式是（　　）。

A. 固定总价合同　　B. 单价合同

C. 成本加酬金合同　　D. 比例合同

考点 6　招标工程量清单【重要】

1.【单选】施工合同签订时尚未确定或者不可预见的所需材料、设备、服务的采购、施工中可能发生的工程变更、合同约定调整因素出现时的工程价款调整等费用应列入（　　）。

A. 暂列金额　　B. 总承包服务费

C. 计日工　　D. 措施项目费

2.【单选】在工程量清单中，暂估价通常用于支付（　　）费用。

A. 工程中已经确定价格的材料费用

B. 施工单位人工成本

C. 必然发生但暂时不能确定价格的材料或工程设备费用

D. 已完成工程项目的结算费用

3.【单选】根据《建设工程工程量清单计价规范》（GB 50500—2013），规费项目清单中不包括（　　）。

A. 养老保险费　　B. 工程排污费

C. 质量保证金　　D. 住房公积金

4. 【单选】在工程量清单中，计日工的项目名称、计量单位和暂估数量应该列在（　　）。
   A. 分部分项工程项目清单
   B. 措施项目清单
   C. 其他项目清单
   D. 税金项目清单

考点 7　招标控制价【重要】

1. 【单选】关于招标控制价的编制，下列说法正确的是（　　）。
   A. 国有企业的建设工程招标可以不编制招标控制价
   B. 招标文件中可以不公开招标控制价
   C. 最高投标限价公布后根据需要可以上浮或下调
   D. 政府投资的建设工程招标时，应设招标控制价
2. 【多选】实行工程量清单计价的工程，应当采用单价合同。这里的单价是一种综合单价，是指完成一个规定清单项目所需的（　　）等。
   A. 规费　　B. 利润
   C. 施工机具使用费　　D. 企业管理费
   E. 材料和工程设备费

考点 8　投标报价【重要】

1. 【多选】根据《建设工程工程量清单计价规范》（GB 50500—2013），关于投标报价编制原则的说法，正确的有（　　）。
   A. 投标价应由投标人自主确定，但不得低于成本
   B. 投标价必须由投标人自主编制
   C. 投标人必须按照招标工程量清单填报价格
   D. 投标人的投标报价高于招标控制价的，应予废标
   E. 项目编码、项目名称、项目特征、计量单位、工程量必须与招标工程量清单一致
2. 【单选】根据《建设工程工程量清单计价规范》（GB 50500—2013），投标人进行投标报价时，发现某招标文件描述的项目特征与设计图纸不符，则投标人在确定综合单价时，应（　　）。
   A. 以招标文件描述的项目特征确定综合单价
   B. 以设计图纸作为报价依据
   C. 综合两者对项目特征的共同描述作为报价依据
   D. 暂不报价，待施工时依据设计变更后的项目特征报价

考点 9　施工投标报价策略【重要】

1. 【单选】在施工投标报价策略的基本策略中，施工单位可选择报低价的情况是（　　）。
   A. 总价低的小工程
   B. 施工条件好、工作简单的工程
   C. 特殊工程，如港口码头、地下开挖工程
   D. 工期要求紧的工程

2.【多选】施工投标采用不平衡报价法时，可以适当提高报价的项目有（　　）。

A. 工程内容说明不清楚的项目

B. 暂定项目中必定要施工的不分标项目

C. 单价与包干混合制合同中采用包干报价的项目

D. 综合单价分析表中的材料费项目

E. 预计开工后工程量会减少的项目

3.【多选】下列关于不平衡报价法的说法，正确的有（　　）。

A. 前期措施费、基础工程、土石方工程等，可以适当降低报价

B. 预计今后工程量会增加的项目，适当提高单价

C. 工程内容说明不清楚的项目，则可降低一些单价

D. 投标时可将单价分析表中的人工费及机械设备费报得高一些，而材料费报得低一些

E. 单价与包干混合制合同中，招标人要求有些项目采用包干报价时，宜报低价

4.【单选】在多方案报价法中，投标单位通常会报出两个价格，下列关于这两个价格的描述，正确的是（　　）。

A. 两个价格都是基于招标文件的条件报的价格

B. 第一个价格是按招标文件的条件报的价格，第二个价格是条款改动后的价格

C. 两个价格都是投标单位自行设定的最高和最低价格

D. 第一个价格是投标单位预估的最佳价格，第二个价格是最低可接受价格

考点10　施工投标文件【了解】

1.【多选】施工投标文件通常包括（　　）内容。

A. 技术标书

B. 商务标书

C. 投标函及其他有关文件

D. 投标邀请书

E. 投标人须知前附表

2.【多选】关于施工投标文件商务标书的内容，说法正确的有（　　）。

A. 商务标书包含优惠条件的说明

B. 商务标书应该包括已标价工程量清单和暂定金额汇总表

C. 商务标书不包含单价分析

D. 商务标书应包含对合同条款的确认

E. 商务标书主要是指施工组织设计

3.【单选】施工投标文件经过编制完成后，关于投标文件校对的说法，正确的是（　　）。

A. 工程总报价无须进行多次校对

B. 合理化建议至少由两人各自分别校对一遍

C. 校对完成后无需交由相关负责人审核

D. 校对仅需关注文字表述，不必检查页码错误

第二节　合同管理

知识脉络

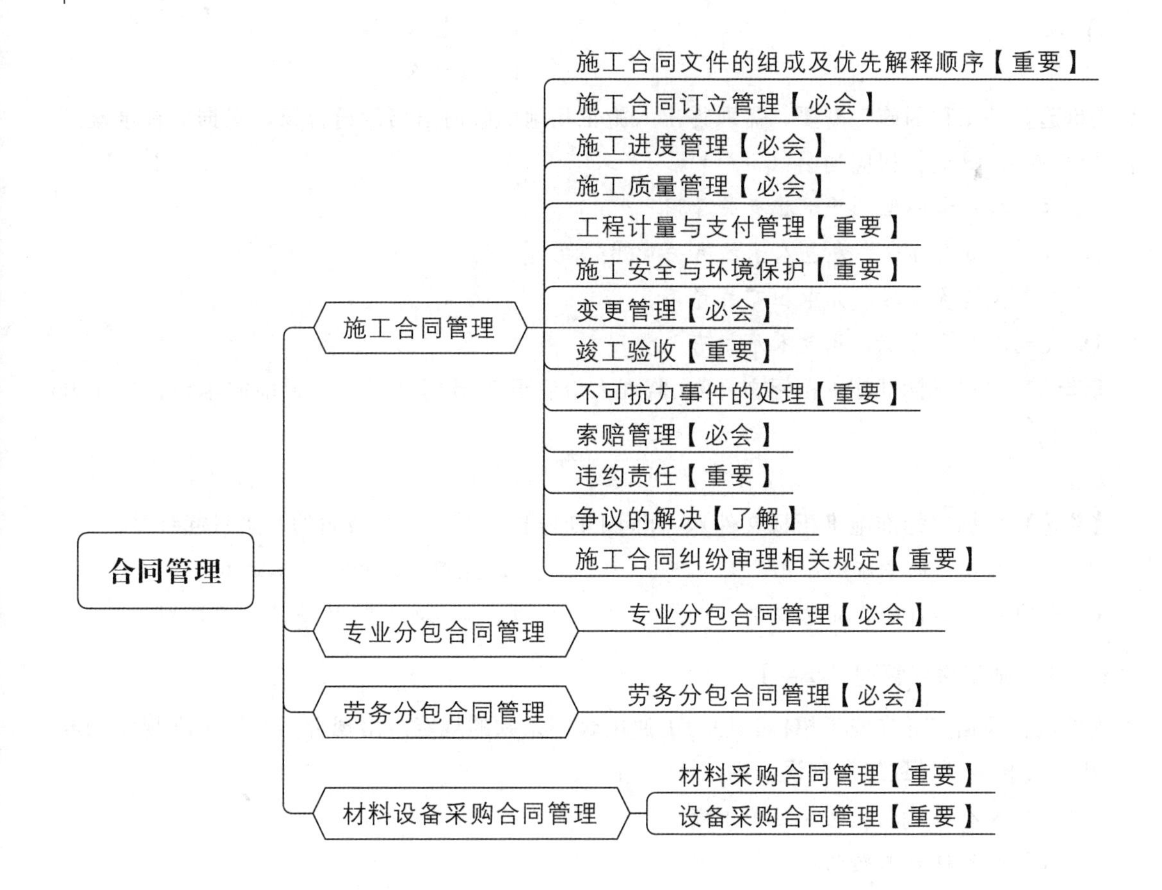

考点 1　施工合同文件的组成及优先解释顺序【重要】

1. **【单选】** 根据《建设工程施工合同（示范文本）》通用合同条款的规定，组成合同的各项文件应相互解释。下列选项中，具有最优先解释权的是（　　）。

   A. 通用合同条款　　B. 中标通知书

   C. 投标函及其附录　　D. 技术标准和要求

2. **【单选】** 若施工合同文件中的通用合同条款与专用合同条款出现冲突，根据解释合同文件的优先顺序，应（　　）。

   A. 以通用合同条款为准　　B. 以专用合同条款为准

   C. 以图纸为准　　D. 双方重新协商

3. **【多选】** 根据《标准施工招标文件》的规定，下列文件属于施工合同文件组成部分的有（　　）。

   A. 投标函附录　　B. 质量保证书

   C. 专用合同条款　　D. 技术标准和要求

E. 现场勘查记录

考点 2 施工合同订立管理【必会】

1. **【单选】** 运输超大件或超重件所需的道路和桥梁临时加固改造费用和其他有关费用，由（ ）承担。

A. 发包人　　B. 承包人

C. 监理人　　D. 设计人

2. **【单选】** 某工程因施工需要，需取得出入施工场地的临时道路的通行权，根据《标准施工招标文件》，该通行权应当由（ ）。

A. 承包人负责办理，并承担有关费用

B. 承包人负责办理，发包人承担有关费用

C. 发包人负责办理，并承担有关费用

D. 发包人负责办理，承包人承担有关费用

3. **【单选】** 根据《标准施工招标文件》，监理人应在开工日期（ ）天前向承包人发出开工通知。

A. 7　　B. 10　　C. 14　　D. 28

4. **【单选】** 根据《标准施工招标文件》，合同工期应自（ ）中载明的开工日起计算。

A. 发包人发出的中标通知书　　B. 监理人发出的开工通知

C. 合同双方签订的合同协议书　　D. 监理人批准的施工进度计划

考点 3 施工进度管理【必会】

1. **【单选】** 根据《标准施工招标文件》中通用合同条款的规定，出现合同专用条款规定的异常恶劣气候条件导致工期延误，则（ ）。

A. 承包人有权要求发包人延长工期

B. 承包人无权要求发包人延长工期

C. 承包人有权要求发包人延长工期，并承担有关费用

D. 承包人无权要求发包人延长工期，并承担有关费用和合理利润

2. **【单选】** 由于发包人原因发生暂停施工的紧急情况，且监理人未及时下达暂停施工指示，承包人可先暂停施工，并及时向监理人提出暂停施工的书面请求。监理人应在接到书面请求后的（ ）h 内予以答复，逾期未答复的，视为同意承包人的暂停施工请求。

A. 8　　B. 12

C. 16　　D. 24

3. **【单选】** 根据《标准施工招标文件》，关于暂停施工的说法，正确的是（ ）。

A. 由于发包人原因引起的暂停施工，承包人有权要求延长工期和（或）增加费用，但不得要求补偿利润

B. 由于发包人原因造成的暂停施工，承包人可不负责暂停施工期间的工程保护

C. 因发包人原因发生暂停施工的紧急情况时，承包人可以先暂停施工，并及时向监理人提出暂停施工的书面请求

D. 施工中出现一些意外需要暂停施工的，所有责任由发包人承担

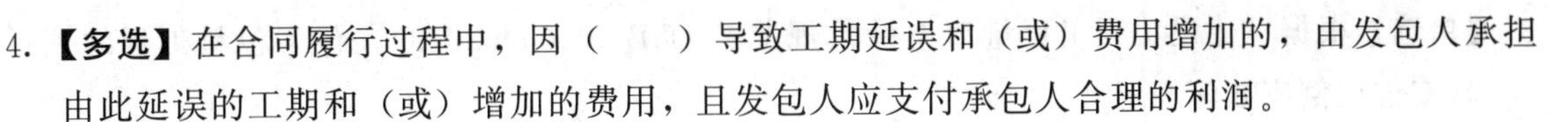

4. 【多选】在合同履行过程中，因（　　）导致工期延误和（或）费用增加的，由发包人承担由此延误的工期和（或）增加的费用，且发包人应支付承包人合理的利润。

A. 分包商或供货商延误

B. 提供图纸延误

C. 发包人迟延提供材料、工程设备

D. 因发包人原因导致的暂停施工

E. 未按合同约定及时支付预付款、进度款

考点 4　施工质量管理【必会】

1. 【多选】根据《标准施工招标文件》中的通用合同条款，对于发包人负责提供的材料和工程设备，承包人应完成的工作内容有（　　）。

A. 提交材料和工程设备的质量证明文件

B. 根据合同计划安排，向监理人报送要求发包人交货的日期计划

C. 会同监理人在约定的时间和交货地点共同进行验收

D. 运输、保管材料和工程设备

E. 提供材料和工程设备合同价款支付担保

2. 【单选】根据《标准施工招标文件》，承包人自检确认并经监理验收后覆盖隐蔽的项目，总监理工程师要求重新检验，经检验证明工程质量符合要求，则由此增加的费用和工期延误的承担方式是（　　）。

A. 增加的费用和工期延误由监理人承担

B. 增加的费用和工期延误由承包人承担

C. 增加的费用由承包人承担，工期延误由发包人承担

D. 增加的费用和工期延误由发包人承担

考点 5　工程计量与支付管理【重要】

1. 【多选】根据《建设工程工程量清单计价规范》（GB 50500—2013），关于预付款的说法，正确的有（　　）。

A. 包工包料工程的预付款支付比例不得低于签约合同价的 10%

B. 发包人应在工程开工前的 28 天内预付不低于当年施工进度计划的安全文明施工费总额的 60%

C. 预付款保函的担保金额应与预付款金额相同

D. 预付款保函的担保金额可根据预付款扣回的金额相应递减

E. 预付款扣完后的 15 天内将预付款保函退还给承包人

2. 【多选】关于施工总承包合同中费用控制条款的说法，正确的有（　　）。

A. 发包人签发进度款支付证书，表明发包人已接受了承包人完成的相应工作

B. 承包人可以使用预付款修建临时工程、组织施工队进场

C. 发包人在收到预付款催告通知后 7 天内仍未支付的，承包人有权暂停施工

D. 发包人应在进度款支付证书签发后 28 天内完成支付

E. 发包人在工程款中逐期扣回预付款后，预付款担保额度应相应减少

3. **【单选】**根据《建设工程工程量清单计价规范》（GB 50500—2013），包工包料工程的预付款支付比例应如何规定（　　）。

A. 不得低于签约合同价（扣除暂列金额）的5%，不宜高于签约合同价（扣除暂列金额）的20%

B. 不得低于签约合同价（扣除暂列金额）的10%，不宜高于签约合同价（扣除暂列金额）的30%

C. 不得低于签约合同价（扣除暂列金额）的15%，不宜高于签约合同价（扣除暂列金额）的40%

D. 不得低于签约合同价（扣除暂列金额）的20%，不宜高于签约合同价（扣除暂列金额）的50%

4. **【单选】**根据《建设工程工程量清单计价规范》（GB 50500—2013），发包人应在工程开工后的28天内预付不低于当年施工进度计划的安全文明施工费总额的（　　）。

A. 50%　　B. 90%

C. 60%　　D. 100%

考点6 施工安全与环境保护【重要】

1. **【多选】**根据《标准施工招标文件》，承包人的施工安全责任有（　　）。

A. 赔偿工程对土地占用所造成的第三者财产损失

B. 编制施工安全措施计划

C. 制定施工安全操作规程

D. 配备必要的安全生产和劳动保护措施

E. 赔偿施工现场所有人员工伤事故损失

2. **【单选】**关于承包人的环境保护责任的说法，正确的是（　　）。

A. 施工环保措施计划无需报送监理人审批

B. 承包人对施工废弃物处理无任何责任

C. 承包人须对堆放施工废弃物造成的环境影响负责

D. 承包人不必对饮用水源进行定期监测

考点7 变更管理【必会】

1. **【单选】**工程施工过程中，对于变更工作的单价在已标价工程量清单中无适用或类似子目的单价时，应由监理人和合同当事人按照（　　）的原则商定或确定。

A. 成本加酬金　　B. 成本加利润

C. 成本加规费　　D. 直接成本加间接成本

2. **【单选】**根据《建设工程工程量清单计价规范》（GB 50500—2013），关于暂列金额的说法，正确的是（　　）。

A. 已签约合同中的暂列金额应由发包人掌握使用

B. 已签约合同中的暂列金额应由承包人掌握使用

C. 发包人按照合同规定将暂列金额作出支付后，剩余金额归承包人所有

D. 发包人按照合同规定将暂列金额作出支付后，剩余金额由发包人和承包人共同所有

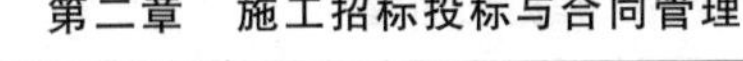

3.【多选】根据《标准施工招标文件》，在合同履行中，可以进行变更的有（　　）。

A. 改变合同工程的标高

B. 改变合同中某项工作的施工时间

C. 取消合同中某项工作，转由发包人施工

D. 为完成工程需要追加的额外工作

E. 改变合同中某项工作的质量标准

4.【单选】根据《标准施工招标文件》，关于施工合同变更权和变更程序的说法，正确的是（　　）。

A. 承包人书面报告发包人后，可根据实际情况对工程进行变更

B. 发包人可以直接向承包人发出变更意向书

C. 监理人应在收到承包人书面建议后 30 天内做出变更指示

D. 承包人根据合同约定，可以向监理人提出书面变更建议

5.【多选】根据《标准施工招标文件》，监理人发出的变更指示应包括的内容有（　　）。

A. 变更目的　　B. 变更范围

C. 变更程序　　D. 变更内容

E. 变更的工程量

6.【单选】某独立土方工程，根据《建设工程工程量清单计价规范》（GB 50500—2013）签订了固定单价合同，招标清单工程量为 5000m^3，约定的综合单价为 60 元/m^3。合同约定：当承包人实际完成并经监理工程师计量的工程量超过清单工程量的 15%时，超过部分的单价调整为原综合单价的 0.9。工程结束时，实际完成并经监理工程师确认的土方工程量为 6000m^3，则该土方工程总价款为（　　）元。

A. 354000　　B. 358500

C. 360000　　D. 364500

考点 8　竣工验收【重要】

1.【多选】根据《标准施工招标文件》，关于单位工程竣工验收的说法，正确的有（　　）。

A. 发包人在全部工程竣工前需使用已竣工的单位工程时，可进行验收

B. 单位工程竣工验收成果和结论作为全部工程竣工验收申请报告的附件

C. 单位工程验收合格后，发包人向承包人出具经总监理工程师认可的单位工程验收证书

D. 在全部工程竣工前，已经签发单位工程接收证书的工程由承包人进行照管

E. 承包人完成不合格工程的补救工作后，应重新提交验收申请报告

2.【单选】根据《标准施工招标文件》，工程接收证书颁发后产生的竣工清场费用应由（　　）承担。

A. 承包人　　B. 发包人

C. 监理人　　D. 主管部门

3.【单选】工程接收证书颁发后的（　　）天内，除了经监理人同意需在缺陷责任期内继续工作和使用的人员外，其余的人员均应撤离施工场地。

A. 28　　B. 30

C. 56　　D. 60

考点 9 不可抗力事件的处理【重要】

1. **【多选】**《建设工程施工合同（示范文本）》规定了施工中出现不可抗力事件时双方的承担方法，其中属于不可抗力事件发生后，承包方承担的风险范围有（　　）。
   A. 运至施工现场待安装设备的损害
   B. 承包人机械设备的损坏
   C. 停工期间，承包人应监理人要求留在施工场地的必要管理人员的费用
   D. 施工人员的伤亡费用
   E. 工程所需要的修复费用

2. **【多选】**根据《标准施工招标文件》中通用合同条款的规定，因不可抗力造成的损失，由发包人承担的有（　　）。
   A. 永久工程的损失　　B. 施工设备损坏
   C. 承包人的停工损失　　D. 施工场地的材料和工程设备
   E. 承包人的人员伤亡损失

考点 10 索赔管理【必会】

1. **【多选】**根据《标准施工招标文件》，下列索赔事件中，只可补偿工期、费用，不可补偿利润的有（　　）。
   A. 因发包人原因，工程暂停后无法按时复工
   B. 施工中发现文物、古迹
   C. 发包人提供的测量基准点、基准线和水准点及其他基准资料错误
   D. 发包人要求向承包人提前交货
   E. 监理人未按合同约定发出指示、指示延误或指示错误

2. **【单选】**根据《标准施工招标文件》，下列索赔事件中，可补偿工期、费用和利润的是（　　）。
   A. 异常恶劣气候的条件导致工期延误
   B. 因发包人违约导致承包人暂停施工
   C. 发包人的原因导致试运行失败，且承包人采取措施保证试运行合格
   D. 发包人原因造成承包人人员工伤事故

3. **【单选】**根据《建设工程施工合同（示范文本）》，承包人应在发出索赔意向通知书后（　　）天内，向监理人正式递交索赔通知书。
   A. 7　　B. 28　　C. 14　　D. 21

4. **【单选】**关于对承包人索赔文件审核的说法，正确的是（　　）。
   A. 监理人收到承包人提交的索赔通知书后，应及时转交发包人，监理人无权要求承包人提交原始记录
   B. 承包人接受索赔处理结果的，发包人应在索赔处理结果答复后28天完成赔付
   C. 监理人根据发包人的授权，在收到索赔通知书的60天内，将索赔处理结果答复承包人
   D. 承包人不接受索赔处理结果的，应直接向法院起诉索赔

5. **【单选】**根据《标准施工招标文件》，关于承包人索赔期限的说法，正确的是（　　）。
   A. 按照合同约定提交的最终结清申请单中，只限于提出工程接收证书颁发后发生的索赔

B. 按照合同约定接收竣工付款证书后，仍有权提出在合同工程接收证书颁发前发生的索赔

C. 按照合同约定接收竣工验收证书后，无权提出在合同工程接收证书颁发前发生的索赔

D. 按照合同约定提交的最终结清申请单中，只限于提出工程接收证书颁发前发生的索赔

考点11　违约责任【重要】

1. **【单选】**发生承包人违反合同约定的情况时，下列处理方法正确的是（　　）。

A. 发包人应向承包人发出整改通知，承包人仍不纠正违法行为时，发包人可向承包人发出解除合同通知

B. 发包人应向承包人发出整改通知，承包人仍不纠正违法行为时，监理人可向承包人发出解除合同通知

C. 监理人应向承包人发出整改通知，承包人仍不纠正违法行为时，发包人可向承包人发出解除合同通知

D. 监理人应向承包人发出整改通知，承包人仍不纠正违法行为时，监理人可向承包人发出解除合同通知

2. **【多选】**下列情形中，属于发包人违约的有（　　）。

A. 发包人未能按合同约定支付预付款或合同价款

B. 监理人无正当理由未在约定期限内发出复工指示

C. 承包人由于自身原因导致工程出现质量问题

D. 发包人无法继续履行合同

E. 因发包人原因造成停工

考点12　争议的解决【了解】

1. **【单选】**争议评审意见形成后，若发包人和承包人均接受评审意见，则应该采取的后续行动是（　　）。

A. 由总监理工程师立即执行评审意见

B. 由监理人拟定执行协议，并作为合同的补充文件

C. 立即向人民法院提起诉讼

D. 取消原合同，重新签订新合同

2. **【单选】**若在履行合同过程中，发包人与承包人之间发生争议，应首先采取的解决措施是（　　）。

A. 向有管辖权的人民法院提起诉讼　　B. 向仲裁委员会申请仲裁

C. 进行友好协商　　D. 直接请求政府介入

考点13　施工合同纠纷审理相关规定【重要】

1. **【单选】**开工通知发出后，尚不具备开工条件的，以（　　）为开工日期。

A. 实际进场施工时间　　B. 开工通知载明的开工日期

C. 协商确定的时间　　D. 开工条件具备的时间

2. **【单选】**某国内工程合同对欠付价款利息计付标准和付款时间没有约定，当发生工程欠款事件时，下列关于利息支付的说法中，错误的是（　　）。

A. 按照中国人民银行发布的同期各类贷款利率中的高值计息

B. 建设工程已实际交付的，计息日为交付之日

C. 建设工程没有交付的，计息日为提交竣工结算文件之日

D. 建设工程未交付的，工程价款也未结算的，计息日为当事人起诉之日

3. 【单选】承包单位计划 9 月 12 日提交竣工验收报告，建设单位急着使用，未经验收便于 9 月 11 日进入办公。经承包单位催促，建设单位于 11 月 10 日组织验收，11 月 11 日签署验收报告，则工程竣工时间为（　　）。

A. 9 月 12 日　　B. 9 月 11 日

C. 11 月 10 日　　D. 11 月 11 日

考点 14　专业分包合同管理【必会】

1. 【单选】根据《建设工程施工专业分包合同（示范文本）》（GF—2003—0213），下列说法正确的是（　　）。

A. 专业分包人应按规定办理有关施工噪音排放的手续，并承担由此发生的费用

B. 承包人应提供总包合同（包括承包工程的价格）供分包人查阅

C. 专业分包人只有在承包人发出指令后，才能允许发包人授权的人员在工作时间进入分包工程施工场地

D. 分包人不能以任何理由直接致函发包人

2. 【单选】根据《建设工程施工专业分包合同（示范文本）》（GF—2003—0213）的相关规定，下列关于承包人工作的说法，错误的是（　　）。

A. 承包人应向分包人提供与分包工程有关的各种证件

B. 承包人应向分包人提供具备施工条件的施工场地

C. 承包人无须提供合同中约定的设备和设施

D. 承包人组织分包人参加发包人组织的图纸会审

3. 【单选】某工程项目发包人与承包人签订了施工合同，承包人与分包人签订了专业工程分包合同，在分包合同履行过程中，分包人的正确做法是（　　）。

A. 未经承包人允许，分包人不得以任何理由与发包人或工程师发生直接工作联系

B. 分包人可以直接致函发包人或工程师

C. 分包人可以直接接受发包人或工程师的指令

D. 分包人无须接受承包人转发的发包人或工程师与分包工程有关的指令

4. 【单选】若因承包人未按照合同专用条款的约定提供图纸等条件导致工期延误，分包人应在（　　）天内以书面形式向承包人提出报告。

A. 7　　B. 10

C. 14　　D. 28

5. 【多选】在专业分包合同中，双方约定可对合同价款进行调整的因素有（　　）。

A. 法律、行政法规和国家有关政策变化影响合同价款

B. 承包人承担的损失超过其承受能力

C. 工程造价管理部门公布的价格调整

D. 一周内分包人原因停电造成的停工累计达到 8h

E. 一周内非承包人原因停电造成的停工累计达到 7h

6. 【单选】根据《建设工程施工专业分包合同（示范文本）》（GF—2003—0213），承包人确认竣工结算报告后（　　）天内向分包人支付分包工程竣工结算价款。

A. 28　　B. 7　　C. 14　　D. 56

考点15　劳务分包合同管理【必会】

1. 【单选】根据《建设工程施工劳务分包合同（示范文本）》（GF—2003—0214），下列合同规定的相关义务中，属于劳务分包人义务的是（　　）。

A. 组建项目管理班子　　B. 完成施工计划相应的劳动力安排计划

C. 负责编制施工组织设计　　D. 负责工程测量定位和沉降观测

2. 【多选】根据《建设工程施工劳务分包合同（示范文本）》（GF—2003—0214），承包人的义务有（　　）。

A. 为劳务分包人提供生产生活临时设施

B. 为劳务分包人从事危险作业的职工办理意外伤害保险

C. 提供工程资料

D. 负责编制施工组织设计

E. 负责工程测量定位、技术交底、组织图纸会审

3. 【多选】根据《建设工程施工劳务分包合同（示范文本）》（GF—2003—0214），需由劳务分包人承担的保险费用有（　　）。

A. 施工场地内劳务分包人自有人员生命财产

B. 运至施工现场用于施工的材料和待安装设备

C. 承包人提供给劳务人员使用的机械设备

D. 从事危险作业的劳务分包人职工的意外伤害保险

E. 施工场地内劳务分包人自有的施工机械设备

4. 【单选】根据《建设工程施工劳务分包合同（示范文本）》（GF—2003—0214），全部分包工作完成，经工程承包人认可后（　　）天内，劳务分包人向工程承包人递交完整的结算资料，按照合同约定进行劳务报酬的最终支付。

A. 7　　B. 14　　C. 28　　D. 42

考点16　材料采购合同管理【重要】

1. 【单选】根据《标准材料采购招标文件》，全部合同材料质量保证期届满后，买方应在规定时间内向卖方支付合同价格（　　）的结清款。

A. 10%　　B. 5%　　C. 3%　　D. 2%

2. 【多选】根据《标准材料采购招标文件》中的通用合同条款，卖方按照合同约定的进度交付合同约定的材料并提供相关服务后，买方在支付进度款前需收到卖方提交的单据有（　　）。

A. 卖方出具的交货清单正本一份

B. 买方签署的收货清单正本一份

C. 制造商出具的出厂质量合格证正本一份

D. 合同价格100%金额的增值税发票正本一份

E. 保险公司出具的履约保函正本一份

3.【单选】根据《标准材料采购招标文件》中的通用合同条款，若供货周期不超过12个月，通常采用的签约合同价形式是（　　）。

A. 变动价格　　B. 固定价格

C. 折扣价格　　D. 浮动价格

考点17　设备采购合同管理【重要】

1.【单选】根据《标准设备采购招标文件》，由于买方原因，合同约定的设备在三次考核中均未能达到技术性能考核指标，买卖双方应签署的文件是（　　）。

A. 设备质量合格证　　B. 验收款支付函

C. 进度款支付函　　D. 设备验收证书

2.【多选】关于设备采购合同中质量保证期规定的说法，正确的有（　　）。

A. 合同设备整体质量保证期为验收之日起12个月

B. 合同设备在质量保证期内故障时，卖方无条件维修或更换

C. 关键部件的质量保证期可在专用合同条款中约定

D. 质量保证期届满后买方需出具质量保证期届满证书

E. 更换的合同设备和（或）关键部件的质量保证期不再计算

3.【单选】卖方应在合同设备预计启运前（　　）天将合同设备的名称、数量、总毛重等相关信息预通知买方。

A. 3　　B. 5

C. 7　　D. 10

第三节　施工承包风险管理及担保保险

知识脉络

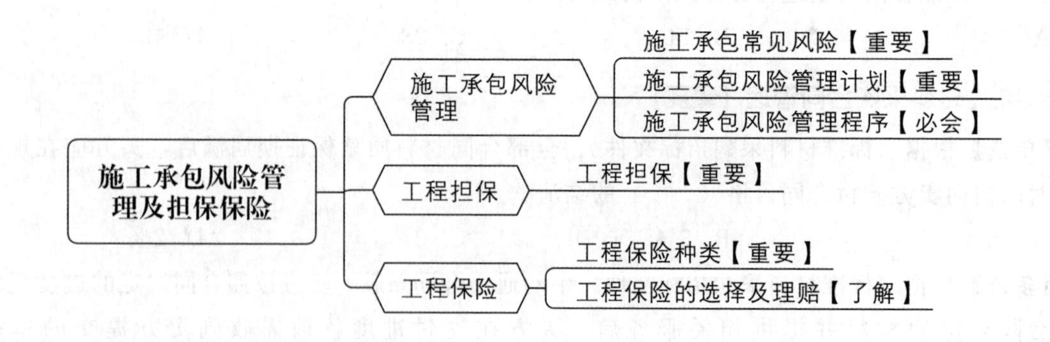

考点1　施工承包常见风险【重要】

1.【单选】下列（　　）不属于施工项目自身的风险。

A. 施工组织管理风险　　B. 工程款支付及结算风险

C. 自然环境风险　　D. 施工质量安全风险

2. 【单选】施工承包风险管理的有效措施之一是通过签订合同约定逾期付款利息，此措施适用于应对（　　）。

A. 施工组织管理风险

B. 施工质量安全风险

C. 工程款支付及结算风险

D. 自然环境风险

考点2　施工承包风险管理计划【重要】

1. 【单选】若需要在施工过程中调整施工风险管理计划，则该调整必须经过（　　）批准后方可实施。

A. 项目经理

B. 施工承包单位授权人

C. 业主

D. 设计师

2. 【多选】在施工项目风险管理中，（　　）是风险管理计划内容。

A. 风险管理目标

B. 技术标准

C. 风险管理责任和权限

D. 必需的资源和费用预算

E. 质量保证体系

考点3　施工承包风险管理程序【必会】

1. 【单选】建设工程施工风险管理的工作程序中，风险应对的下一步工作是（　　）。

A. 风险评估

B. 风险监控

C. 风险识别

D. 风险规避

2. 【单选】关于风险评估的说法，正确的是（　　）。

A. 风险等级为小的风险因素是可忽略的风险

B. 风险等级为中等的风险因素是可接受风险

C. 风险等级为大的风险因素是不可接受风险

D. 风险等级为很大的风险因素是不希望有的风险

3. 【单选】下列风险等级图中，风险量大致相等的是（　　）。

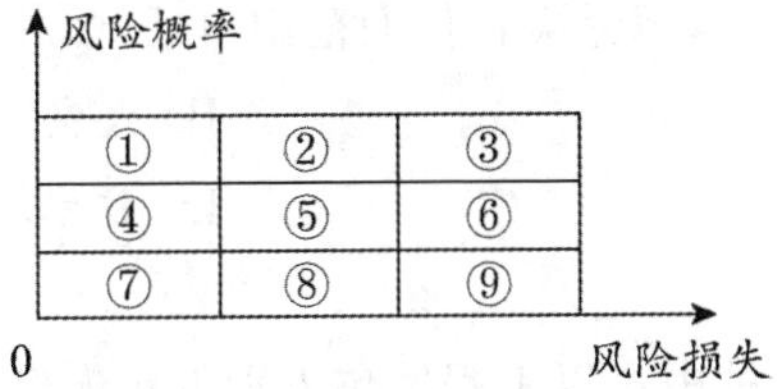

风险概率

①	②	③
④	⑤	⑥
⑦	⑧	⑨

0　　风险损失

A. ①②③

B. ②④⑥

C. ①⑤⑨

D. ③⑤⑦

4. 【单选】以一定方式中断风险源，使其不发生或不再发展，从而避免可能产生的潜在损失的风险对策是（　　）。

A. 损失控制

B. 风险自留

C. 风险转移

D. 风险规避

考点 4 工程担保【重要】

1.【单选】建设工程招标程序中，投标保证金可以不予退还的情况是（　　）。

A. 投标人在投标函中规定的投标期内撤销其投标

B. 投标人在投标截止日前撤回其投标

C. 投标保证金的有效期短于投标有效期

D. 未中标的投标人未按规定的时间收回投标保证金

2.【单选】根据《中华人民共和国招标投标法实施条例》，对某投资概算 3000 万元的工程项目进行招标时，施工投标保证金额度符合规定的是（　　）万元人民币。

A. 170　　B. 50　　C. 100　　D. 120

3.【多选】招标人在招标文件中要求中标人提交保证履行合同义务和责任的担保，其形式有（　　）。

A. 履约保证金　　B. 履约担保书

C. 银行保函　　D. 投标保函

E. 报兑支票

4.【单选】用于保证承包人能够按合同规定进行施工，偿还发包人已支付的全部预付金额的工程担保是（　　）。

A. 支付担保　　B. 预付款担保

C. 投标担保　　D. 履约担保

5.【单选】下列工程担保中，以保护承包人合法权益为目的的是（　　）。

A. 投标担保　　B. 支付担保

C. 履约担保　　D. 预付款担保

6.【单选】根据《建设工程施工合同（示范文本）》，发包人累计扣留的质量保证金不得超过工程价款结算总额的（　　）。

A. 2%　　B. 5%　　C. 10%　　D. 3%

考点 5 工程保险种类【重要】

1.【多选】"建筑工程一切险"承担保险责任的范围包括（　　）。

A. 错误设计引起的费用　　B. 火灾

C. 工艺不善造成的事故　　D. 技术人员过失造成的事故

E. 盗窃

2.【单选】下列工程保险的险种中，以工程发包人和承包人双方名义共同投保的是（　　）。

A. 建筑工程一切险　　B. 工伤保险

C. 人身意外伤害险　　D. 执业责任险

3.【单选】对于投保建筑工程一切险，保险人不承担赔偿责任的是（　　）。

A. 因暴雨造成的物质损失

B. 发生火灾引起的场地清理费用

C. 工程设计错误引起的损失

D. 因地面下沉引起的物质损失

考点 6　工程保险的选择及理赔【了解】

1.【单选】决定保险成本的最主要因素是（　　）。

A. 服务质量　　B. 安全可靠性

C. 保险费率　　D. 赔付金额

2.【单选】工程保险理赔过程中，如果一个项目由多家保险公司同时承保，理赔时保险人需要（　　）。

A. 单独承担全部责任　　B. 按比例分担赔偿责任

C. 先由投保人垫付赔偿金　　D. 等待其他保险公司先行赔付

PART 3

第三章 施工进度管理

学习计划：

扫码做题
熟能生巧

业精于勤 荒于嬉

第一节　施工进度影响因素与进度计划系统

知识脉络

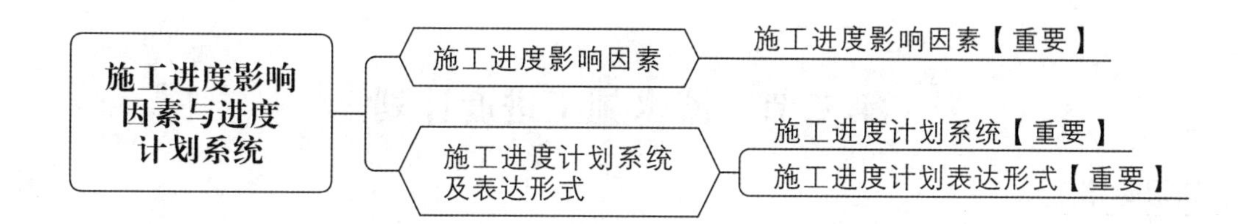

考点1　施工进度影响因素【重要】

1.【单选】在施工进度管理过程中，如果遭遇建设资金不到位导致不能及时支付工程款，这属于（　　）影响。

A. 施工单位自身因素　　B. 建设单位原因

C. 社会环境因素　　D. 自然条件

2.【单选】下列施工单位自身因素中，不会导致施工进度延误的是（　　）。

A. 施工方案不当　　B. 指挥协调不力

C. 合同签订时条款表述明确　　D. 施工设备选型失当

考点2　施工进度计划系统【重要】

1.【单选】建设工程施工进度计划系统中，用来确定各单位工程及全工地性工程的施工期限及开竣工日期，进而确定各类资源、设备、设施数量及能源、交通需求量的进度计划是（　　）。

A. 施工总进度计划　　B. 单位工程施工进度计划

C. 施工准备工作计划　　D. 分部分项工程进度计划

2.【单选】关于分部分项工程进度计划的说法，不正确的是（　　）。

A. 是为了保证单位工程施工进度计划的顺利实施

B. 针对工程量较大或施工技术比较复杂的工程进行编制

C. 对分部分项工程各施工过程作出时间上的安排

D. 是为了缩短总工期

考点3　施工进度计划表达形式【重要】

1.【多选】与横道计划相比，工程网络计划的优点有（　　）。

A. 能够直观表示各项工作的进度安排　　B. 能够明确表达各项工作之间的逻辑关系

C. 可以明确各项工作的机动时间　　D. 可以找出关键线路和关键工作

E. 可以直观表达各项工作之间的搭接关系

2. 【多选】关于横道图和网络图的施工进度计划表达形式，说法正确的有（　　）。

A. 横道图也称甘特图，易于编制和理解

B. 网络图能够明确表达各项工作之间的先后顺序关系

C. 横道图能够反映工作所具有的机动时间（时差）

D. 网络图可以利用项目管理软件进行优化和调整

E. 横道图可以明确反映各项工作之间的相互联系和制约关系

第二节　流水施工进度计划

知识脉络

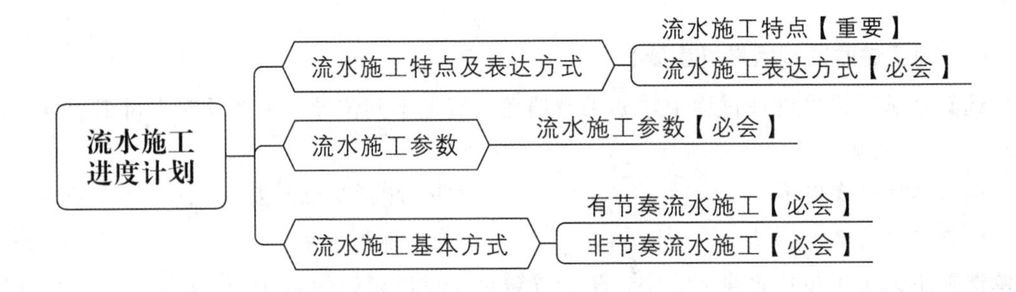

考点 1　流水施工特点【重要】

1. 【单选】在有足够工作面和资源的前提下，施工工期最短的施工组织方式是（　　）。

A. 依次施工　　B. 搭接施工

C. 平行施工　　D. 流水施工

2. 【单选】工程项目组织依次施工的特点是（　　）。

A. 能充分利用工作面进行施工，工期短

B. 能由一个工作队完成全部工作任务，有利于专业化作业

C. 单位时间内利用的施工机具少，有利于调配施工机具

D. 专业工作队连续施工，有利于最大限度地搭接施工

3. 【多选】与依次施工、平行施工方式相比，流水施工方式的特点有（　　）。

A. 施工现场组织管理简单

B. 有利于实现专业化施工

C. 相邻专业工作队之间能够最大限度地进行搭接作业

D. 单位时间内投入的资源量较为均衡

E. 施工工期最短

考点 2　流水施工表达方式【必会】

1. 【单选】流水施工垂直图中斜向进度线的斜率变化能直观反映（　　）。

A. 各施工段的长度　　B. 施工材料的消耗速度

C. 各施工过程的进展速度　　D. 工程总造价的变化

2. 【单选】在流水施工中，更适合铁路、公路、地铁等线性工程的进度规划图表表示法是（　　）。

A. 网络图　　B. 流水施工横道图

C. 流水施工垂直图　　D. 柱状图

3. 【单选】下列选项中，不属于流水施工垂直图表示法的优点的是（　　）。

A. 施工过程及其先后顺序表达清楚

B. 时间和空间状况形象直观

C. 编制起来比横道图方便

D. 斜向进度线的斜率可以直观地表示出各施工过程的进展速度

考点 3　流水施工参数【必会】

1. 【多选】下列各类参数中，属于流水施工参数的有（　　）。

A. 工艺参数　　B. 定额参数

C. 空间参数　　D. 时间参数

E. 机械参数

2. 【单选】建设工程组织流水施工时，用来表达流水施工在施工工艺方面进展状态的参数是（　　）。

A. 流水强度和施工过程　　B. 流水节拍和施工段

C. 工作面和施工过程　　D. 流水步距和施工段

3. 【多选】建设工程组织流水施工时，划分施工段的原则有（　　）。

A. 每个施工段要有足够工作面

B. 施工段数要满足合理组织流水施工要求

C. 施工段界限要尽可能与结构界限相吻合

D. 同一专业工作队在不同施工段的劳动量必须相等

E. 施工段必须在同一平面内划分

4. 【多选】下列流水施工参数中，属于空间参数的有（　　）。

A. 流水步距　　B. 工作面

C. 流水强度　　D. 施工过程

E. 施工段

5. 【单选】建设工程流水施工中，某专业工程队在一个施工段上的施工时间称为（　　）。

A. 流水步距　　B. 流水节拍

C. 流水强度　　D. 流水节奏

6. 【单选】下列流水施工参数中，属于时间参数的是（　　）。

A. 施工过程和流水步距　　B. 流水步距和流水节拍

C. 施工段和流水强度　　D. 流水强度和工作面

7. 【多选】在组织流水施工时，流水步距的大小取决于（　　）。

A. 施工过程数　　B. 各施工段上的流水节拍

C. 施工段　　D. 流水强度

E. 流水施工的组织方式

考点 4 有节奏流水施工【必会】

1. 【多选】建设工程组织固定节拍流水施工的特点有（　　）。

A. 专业工作队数等于施工过程数
B. 施工过程数等于施工段数
C. 各施工段上的流水节拍相等
D. 有的施工段之间可能有空闲时间
E. 相邻施工过程之间的流水步距相等

2. 【单选】某工程划分为 4 个施工过程、5 个施工段组织固定节拍流水施工，流水节拍为 3 天，累计间歇时间为 1 天，累计提前插入时间为 2 天，该工程流水施工工期为（　　）天。

A. 23
B. 25
C. 26
D. 27

考点 5 非节奏流水施工【必会】

1. 【单选】建设工程组织非节奏流水施工时，计算流水步距的基本步骤是（　　）。

A. 取最大值→错位相减→累加数列
B. 错位相减→累加数列→取最大值
C. 累加数列→错位相减→取最大值
D. 累加数列→取最大值→错位相减

2. 【多选】建设工程组织非节奏流水施工的特点有（　　）。

A. 流水步距等于流水节拍的最大公约数
B. 各施工段的流水节拍不全相等
C. 专业工作队数等于施工过程数
D. 相邻施工过程的流水步距相等
E. 有的施工段之间可能有空闲时间

3. 【单选】某工程有 3 个施工过程，分为 4 个施工段组织流水施工。流水节拍分别为：2、4、4、3 天；4、2、3、3 天；3、2、3、4 天。该工程流水施工工期为（　　）天。

A. 17
B. 19
C. 20
D. 21

第三节　工程网络计划技术

知识脉络

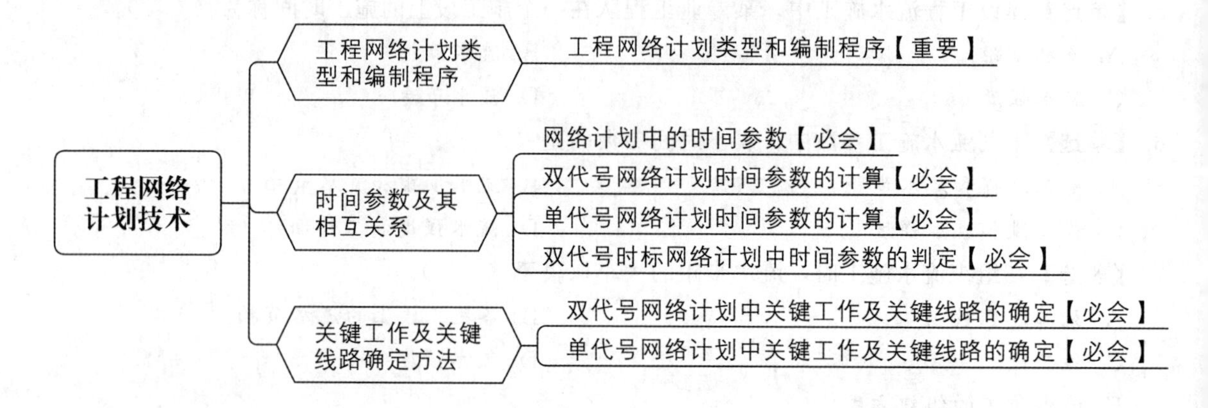

考点 1 工程网络计划类型和编制程序【重要】

1. 【单选】按照工作持续时间的性质不同划分，工程网络计划不包括（　　）。

A. 肯定型网络计划　　B. 多级网络计划

C. 非肯定型网络计划　　D. 随机型网络计划

2. 【多选】根据下表给定逻辑关系绘制而成的某分部工程双代号网络计划如下图所示，其中的绘图错误有（　　）。

工作名称	A	B	C	D	E	F	G	H	I
紧后工作	C、D	E	G	—	H、I	—	—	—	—

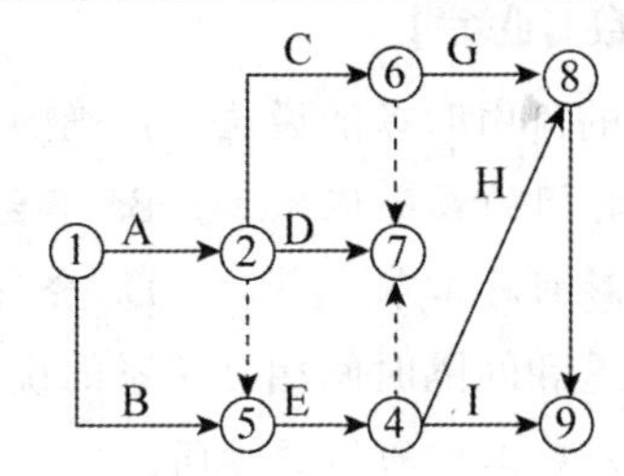

A. 节点编号有误　　B. 有循环回路

C. 有多个起点节点　　D. 有多个终点节点

E. 不符合给定逻辑关系

3. 【单选】关于双代号网络图绘图规则的说法，正确的是（　　）。

A. 任何情况下，只能有一个起点节点和一个终点节点

B. 任何情况下，不允许出现循环回路

C. 节点间的连线必须是实线

D. 箭线可以从其他箭线上引出或引入

4. 【单选】在双代号网络图中，虚工作（虚箭线）表示工作之间的（　　）。

A. 停歇时间　　B. 总时差

C. 逻辑关系　　D. 自由时差

5. 【单选】关于双代号网络图绘图规则的说法，正确的是（　　）。

A. 箭线不能交叉　　B. 关键工作必须安排在图画中心

C. 只有一个起点节点　　D. 工作箭线只能用水平线

6. 【多选】某工程施工进度计划如下图所示，下列说法正确的有（　　）。

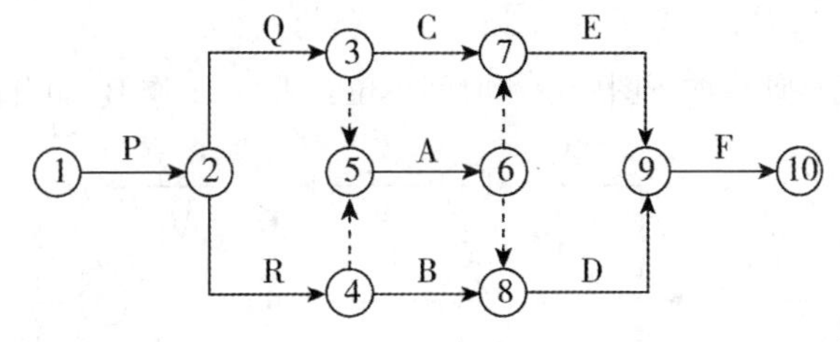

A. R 的紧后工作是 A、B　　B. E 的紧前工作只有 C

C. D 的紧后工作只有 F　　D. P 没有紧前工作

E. A、B 的紧后工作都有 D

7.【单选】某双代号网络图如下图所示，存在的绘图错误是（　　）。

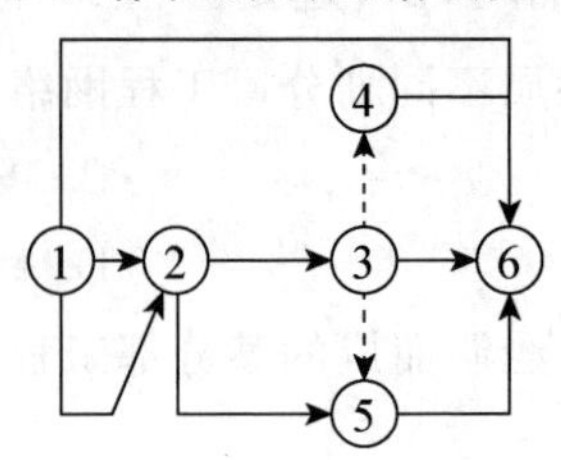

A. 工作代号相同　　B. 出现无箭头连线

C. 出现无箭头节点连线　　D. 出现多个起点节点

考点 2　网络计划中的时间参数【必会】

1.【单选】关于网络计划中工作的自由时差的说法，正确的是（　　）。

A. 不影响紧后工作最早开始时间的最小值　　B. 不会影响紧后工作，但会影响总工期

C. 会影响紧后工作，但不会影响总工期　　D. 会影响紧后工作，也会影响总工期

2.【单选】关于总时差、自由时差和间隔时间相互关系的说法，正确的是（　　）。

A. 自由时差一定不超过其与紧后工作的间隔时间

B. 与其紧后工作间隔时间均为 0 的工作，总时差一定为 0

C. 工作的自由时差是 0，总时差一定是 0

D. 关键节点间的工作，总时差和自由时差不一定相等

考点 3　双代号网络计划时间参数的计算【必会】

1.【单选】某分部工程双代号网络计划如下图所示（时间单位：天），则工作 C 的自由时差为（　　）天。

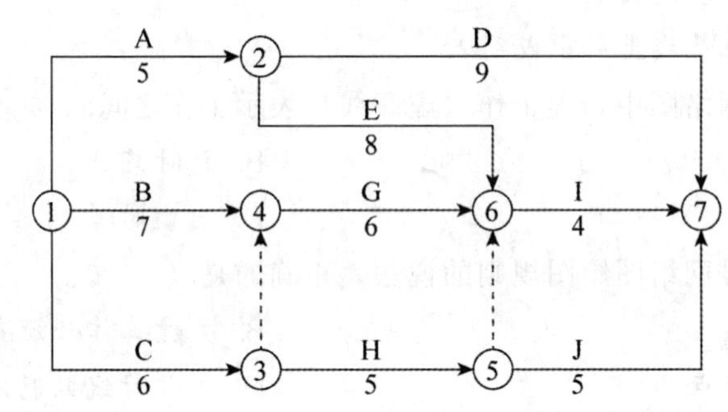

A. 1　　B. 2

C. 0　　D. 3

2.【单选】某双代号网络计划如下图所示（时间单位：天），工作 B_2 的自由时差是（　　）天。

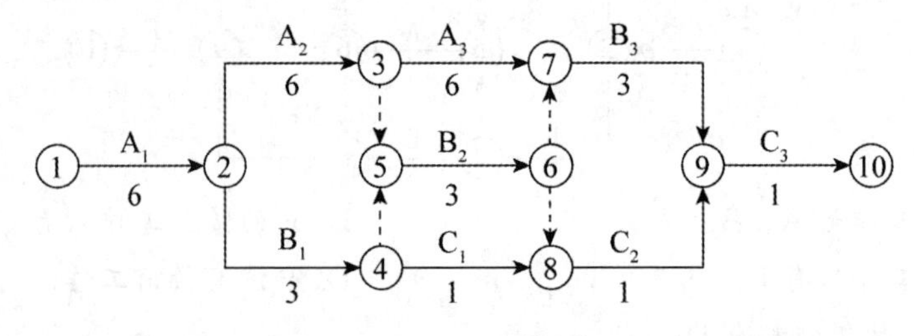

A. 0　　B. 2

C. 3　　D. 6

3.【单选】某建设工程施工进度计划如下图所示（时间单位：天），则该计划的计算工期是（　　）天。

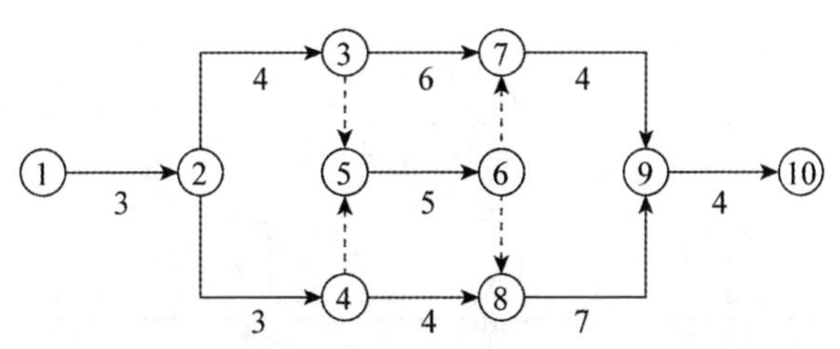

A. 20　　B. 21　　C. 23　　D. 25

4.【多选】某钢筋混凝土基础工程，包括支模板、绑扎钢筋、浇筑混凝土三道工序，每道工序安排一个专业施工队进行，分工段施工，各工序在一个施工段上的作业时间分别为3天、2天、1天，如下图所示。关于其施工网络计划的说法，正确的有（　　）。

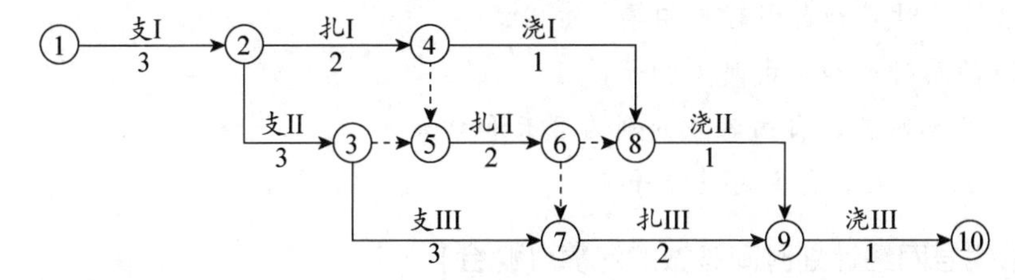

A. 工作①—②是关键工作

B. 只有1条关键路线

C. 工作⑤—⑥是非关键工作

D. 节点⑤的最早开始时间是第5天

E. 虚工作③—⑤是多余的

5.【单选】某双代号网络计划如下图所示（时间单位：天），则工作D的自由时差是（　　）天。

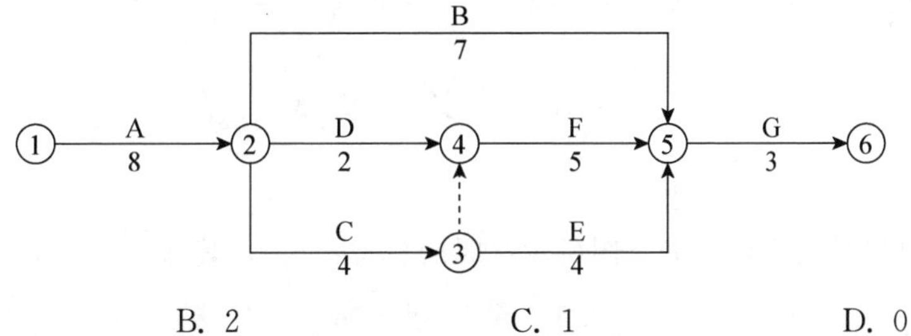

A. 3　　B. 2　　C. 1　　D. 0

6.【单选】某工程双代号网络计划如下图所示（时间单位：天），则工期为（　　）天。

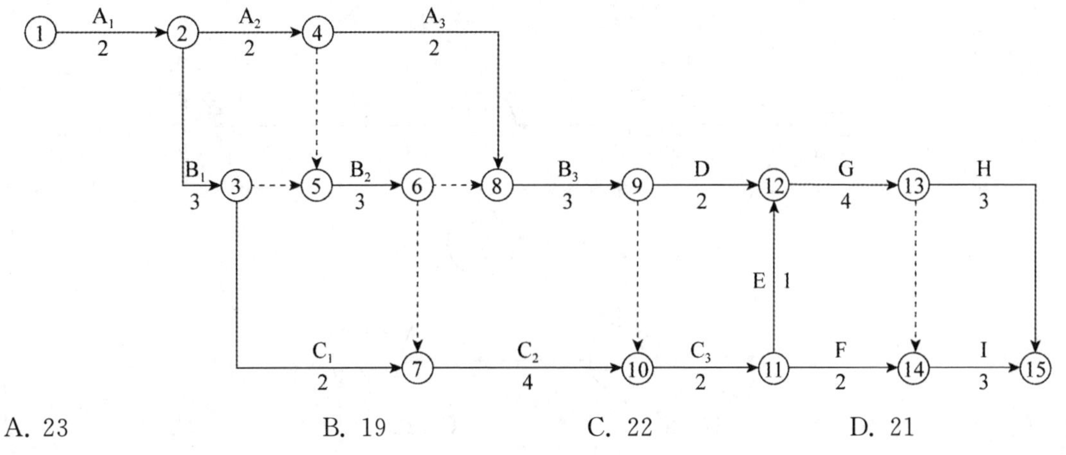

A. 23　　B. 19　　C. 22　　D. 21

7.【多选】某工程双代号网络计划如下图所示，已标出各项工作的最早开始时间（ES_{i-j}）、最迟开始时间（LS_{i-j}）和持续时间（D_{i-j}）。该网络计划表明（　　）。

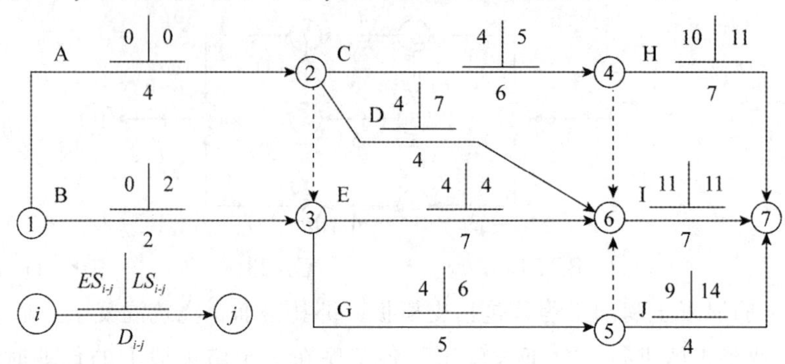

A. 工作C和工作E均为关键工作

B. 工作B的总时差和自由时差相等

C. 工作D的总时差和自由时差相等

D. 工作G的总时差、自由时差分别为2天和0天

E. 工作J的总时差和自由时差相等

考点 4 单代号网络计划时间参数的计算【必会】

1.【单选】某单代号网络计划如下图所示（时间单位：天），其计算工期是（　　）天。

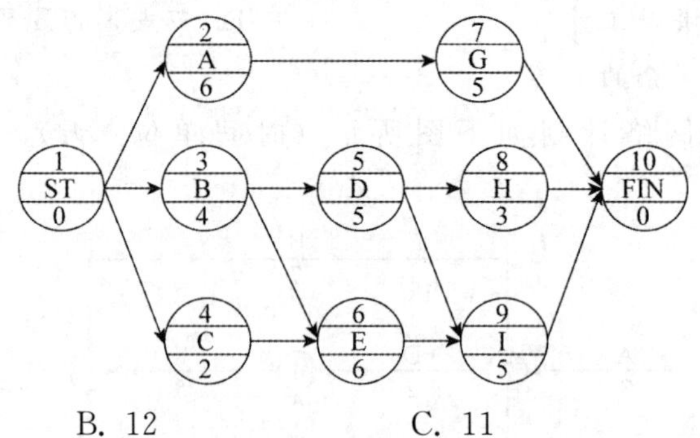

A. 15　　B. 12　　C. 11　　D. 10

2.【单选】某单代号网络计划如下图所示（时间单位：天），其计算工期是（　　）天。

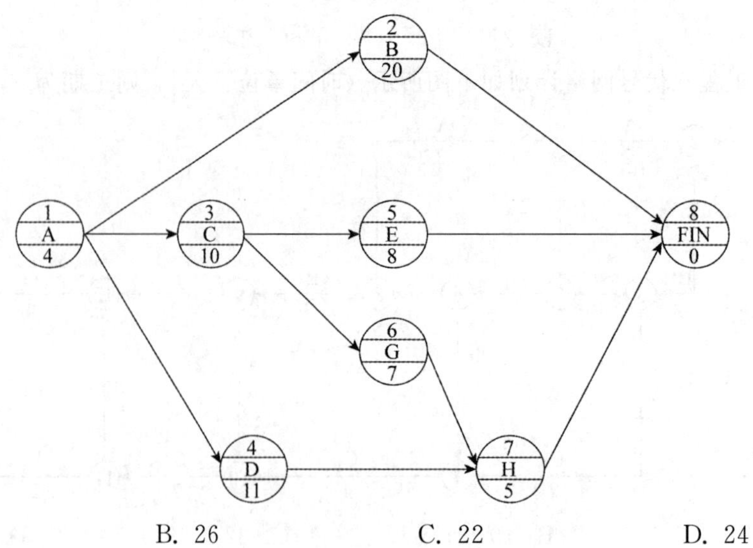

A. 20　　B. 26　　C. 22　　D. 24

3.【单选】某工程单代号网络计划如下图所示，下列说法正确的是（　　）。

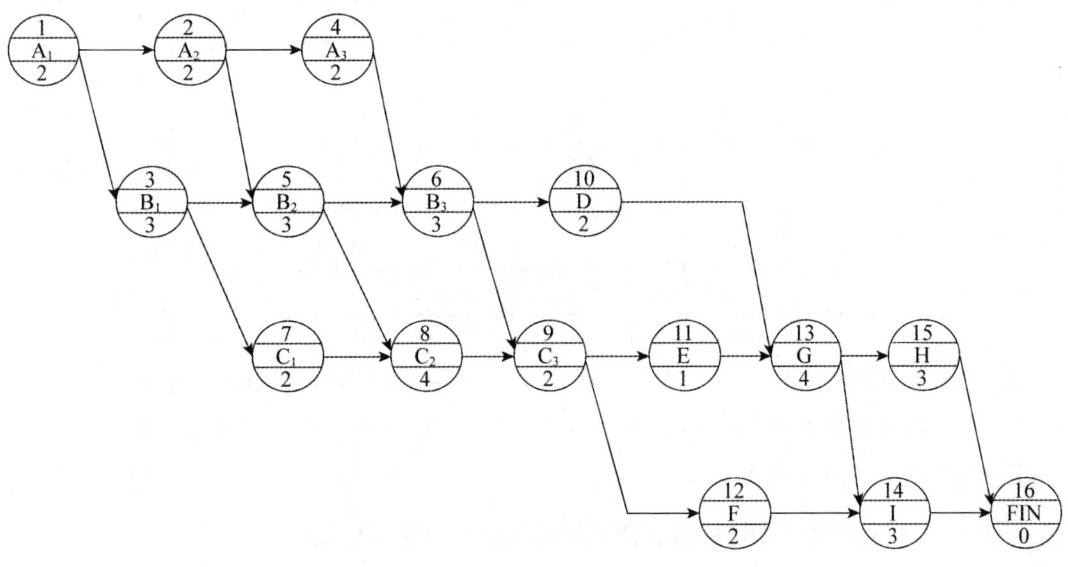

A. 只有 1 条关键线路
B. 总工期为 21 天
C. 工作 B_2 的最早开始时间为第 5 天
D. 工作 C_2 的最早完成时间为第 11 天

4.【多选】某分部工程的单代号网络计划如下图所示（时间单位：天），下列说法正确的有（　　）。

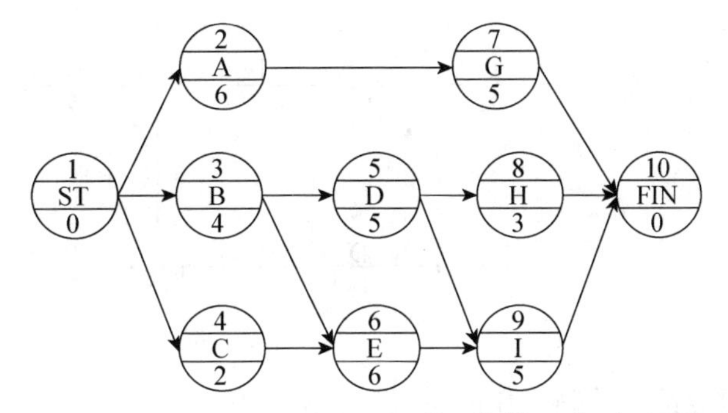

A. 有 2 条关键线路
B. 计算工期为 15 天
C. 工作 G 的总时差和自由时差均为 4 天
D. 工作 D 和 I 之间的时间间隔为 1 天
E. 工作 H 的自由时差为 2 天

考点 5　双代号时标网络计划中时间参数的判定【必会】

1.【单选】某分部工程双代号时标网络计划如下图所示，工作 A 的总时差为（　　）天。

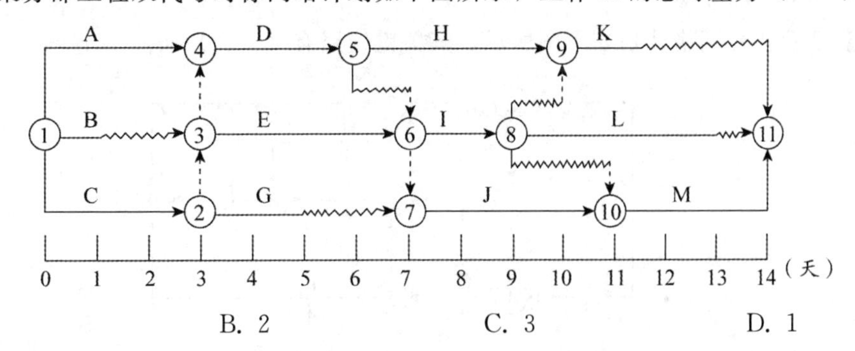

A. 0
B. 2
C. 3
D. 1

2.【多选】某分部工程双代号时标网络计划如下图所示，该计划所提供的正确信息有（　　）。

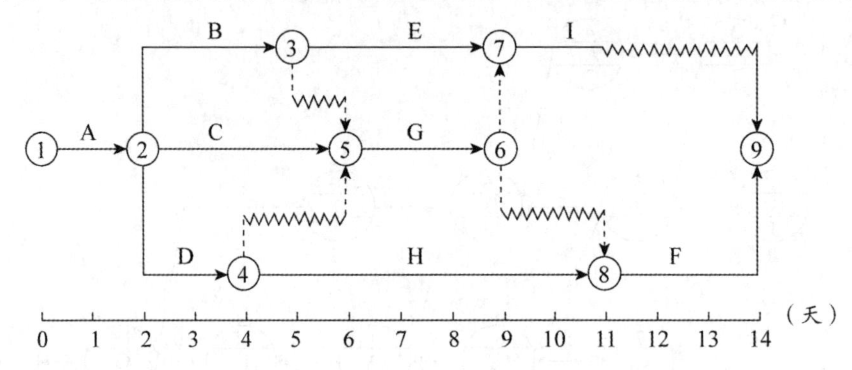

A. 工作B的总时差为3天　　B. 工作C的总时差为2天

C. 工作D为关键工作　　D. 工作E的总时差为2天

E. 工作G的自由时差为2天

考点 6　双代号网络计划中关键工作及关键线路的确定【必会】

1.【单选】某工程双代号网络计划如下图所示（时间单位：天），其关键线路有（　　）条。

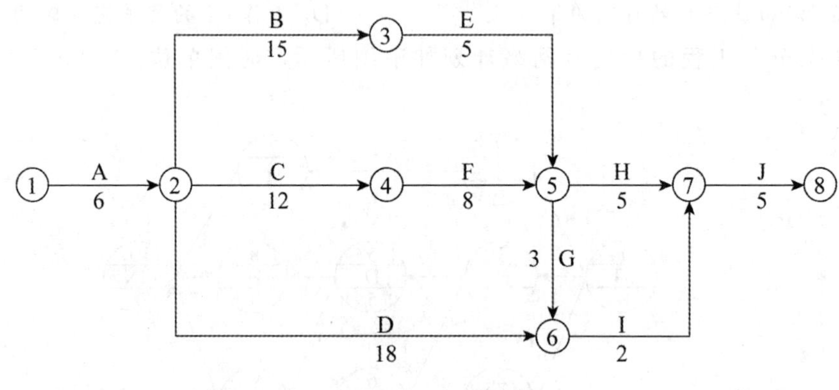

A. 2　　B. 4　　C. 3　　D. 5

2.【多选】关于关键线路和关键工作的说法，正确的有（　　）。

A. 关键工作的总时差最小

B. 关键工作的总时差一定为零

C. 关键工作的最早开始时间等于最迟开始时间

D. 关键线路上各工作持续时间之和最长

E. 关键线路可能有多条

3.【单选】某双代号网络计划如下图所示，其关键线路有（　　）条。

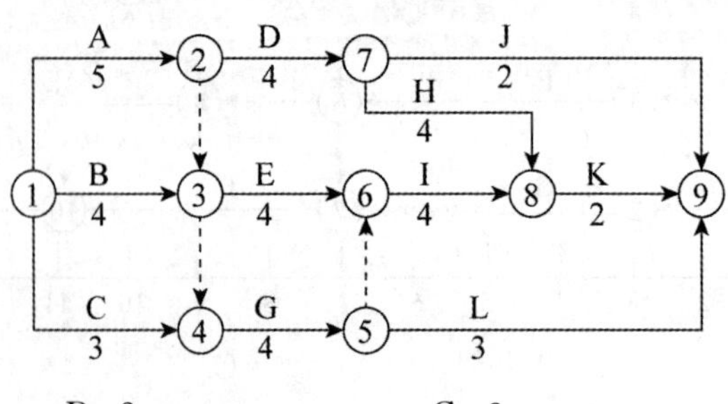

A. 1　　B. 2　　C. 3　　D. 4

4.【单选】下图为某工程双代号网络计划，其中的关键线路是（　　）。

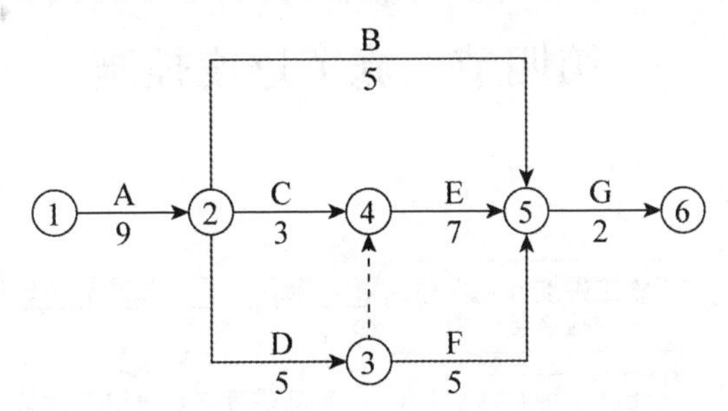

A. ①—②—④—⑤—⑥　　B. ①—②—⑤—⑥

C. ①—②—③—④—⑤—⑥　　D. ①—②—③—⑤—⑥

5.【单选】某双代号网络计划如下图所示，其关键线路有（　　）条。

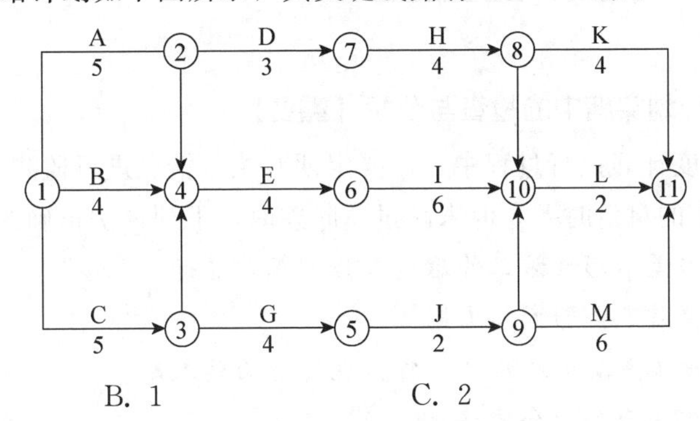

A. 3　　B. 1　　C. 2　　D. 4

考点 7　单代号网络计划中关键工作及关键线路的确定【必会】

1.【单选】某工程单代号网络计划如下图所示，节点中下方数字为该工作的持续时间，其关键工作为（　　）。

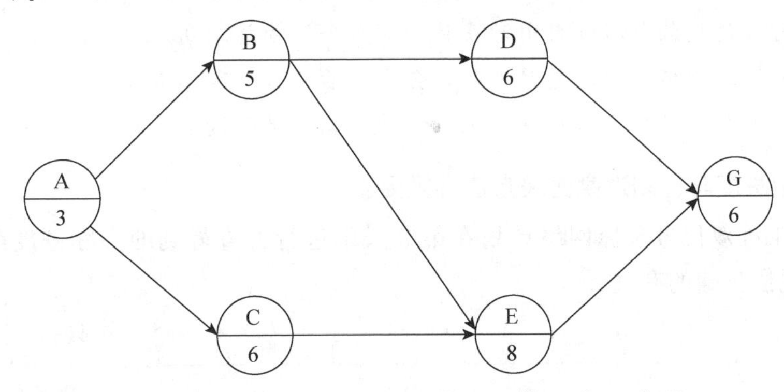

A. 工作 C 和工作 E　　B. 工作 B 和工作 E

C. 工作 B 和工作 D　　D. 工作 A 和工作 B

2.【多选】在工程项目网络计划中，关键线路是指（　　）。

A. 单代号网络计划中由关键工作组成的线路

B. 双代号网络计划中持续时间最长的线路

C. 单代号网络计划中由关键工作组成、且工作时间间隔为零的线路

D. 双代号时标网络计划中无波形线的线路

E. 双代号网络计划中无虚工作的线路

第四节　施工进度控制

知识脉络

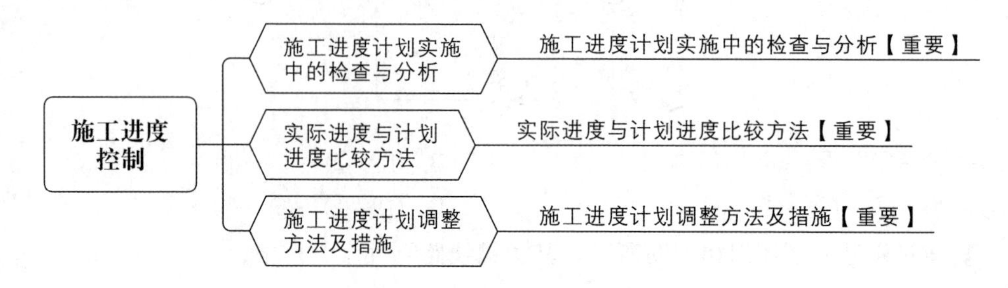

考点 1　施工进度计划实施中的检查与分析【重要】

1. **【单选】**在施工进度计划执行过程中，需要定期对执行情况进行监测。当工作实际进度拖后的时间超过该工作的自由时差，但未超过总时差时，下列说法正确的是（　　）。

   A. 工作实际进度偏差不影响该工作后续工作的正常进行

   B. 工作实际进度偏差不会影响总工期

   C. 该工作实际进度偏差既影响后续工作，也会影响总工期

   D. 工作实际进度偏差会导致合同终止

2. **【单选】**施工进度调整的系统过程包括分析进度偏差产生的原因，以及进度偏差对后续工作及总工期的影响。下列关于进度偏差影响的说法，错误的是（　　）。

   A. 当工作实际进度偏差未超过自由时差时，不会影响后续工作和总工期

   B. 当工作实际进度偏差超过自由时差时，必然会影响总工期

   C. 当工作实际进度偏差超过总时差时，会影响后续工作和总工期

   D. 施工单位应根据工作实际进度偏差确定是否需要调整进度计划

考点 2　实际进度与计划进度比较方法【重要】

【多选】某工程双代号时标网络计划在第 5 天末进行检查得到的实际进度前锋线如下图所示，下列说法正确的有（　　）。

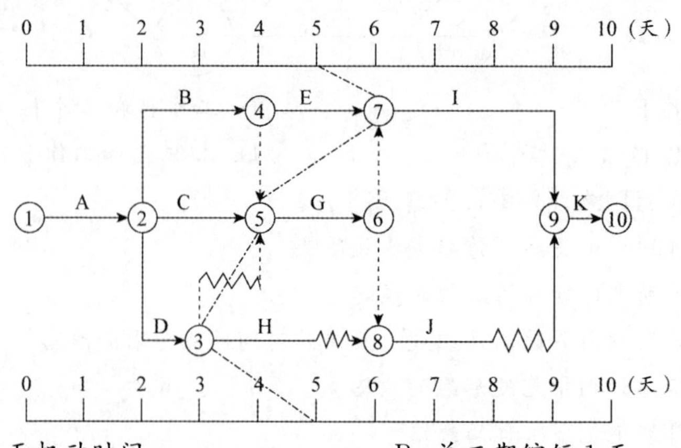

A. 工作 H 还剩 1 天机动时间　　　　　　　　B. 总工期缩短 1 天

C. 工作 H 影响总工期 1 天

D. 工作 E 进度提前 1 天

E. 工作 G 进度延误 1 天

考点 3　施工进度计划调整方法及措施【重要】

【单选】下列不属于通过压缩持续时间来调整施工进度计划的技术措施的是（　　）。

A. 改进施工工艺和技术

B. 减少施工过程数量

C. 改善施工作业环境

D. 采用先进施工机械

PART 4

第四章 施工质量管理

学习计划：

扫码做题
熟能生巧

行成于思
毁于随

第一节　施工质量影响因素及管理体系

知识脉络

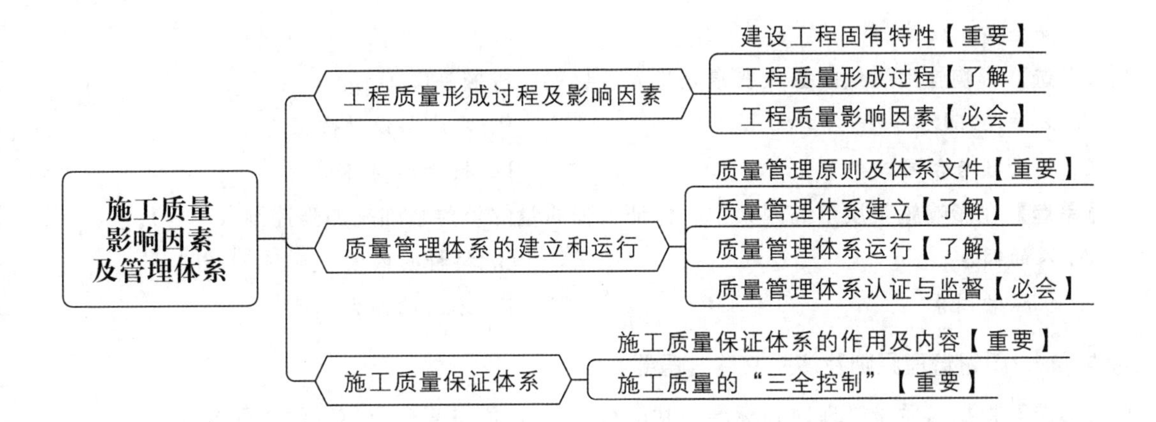

考点 1　建设工程固有特性【重要】

1. 【多选】关于建设工程固有特性的描述，正确的有（　　）。

A. 明示特性是指由相关标准规定和合同约定的明确要求

B. 隐含特性是指客体隐含的内在要求

C. 所有建设工程的固有特性在任何情况下都具有同等重要性

D. 施工质量的管理应把控固有特性满足要求的程度

E. 安全性属于建设工程的固有特性之一

2. 【单选】在施工质量管理过程中，对工程质量进行动态跟踪检查的作用是（　　）。

A. 监测团队情绪　　B. 控制项目成本

C. 确保质量标准得到执行　　D. 评估项目风险

考点 2　工程质量形成过程【了解】

1. 【单选】在建设工程的保修阶段，关于质量缺陷处理的说法，正确的是（　　）。

A. 由业主单位负责维修

B. 由设计单位负责返工

C. 由施工承包单位负责维修、返工或更换

D. 由监理单位负责赔偿损失

2. 【单选】在工程建设管理过程中，影响工程质量的决定性阶段是（　　）阶段。

A. 工程投资决策　　B. 工程勘察设计

C. 工程施工　　D. 工程竣工验收

考点 3　工程质量影响因素【必会】

1. 【单选】下列影响建设工程施工质量的因素中，作为施工质量控制基本出发点的因素

是（　　）。

A. 人　　B. 机械

C. 材料　　D. 环境

2. 【多选】下列影响施工质量的因素中，属于材料影响因素的有（　　）。

A. 计量器具　　B. 建筑构配件

C. 新型模板　　D. 工程设备

E. 安全防护设施

3. 【单选】影响施工质量的五大要素是指人、材料、机械、（　　）。

A. 方法及环境　　B. 方法与设计方案

C. 投资额与合同工期　　D. 投资额与环境

4. 【单选】在影响施工质量的因素中，保证工程质量的重要基础是加强控制（　　）。

A. 人的因素　　B. 材料的因素

C. 机械的因素　　D. 方法的因素

考点 4　质量管理原则及体系文件【重要】

1. 【多选】根据《质量管理体系标准　基础和术语》，质量管理应遵循的原则有（　　）。

A. 过程方法　　B. 循证决策

C. 全员积极参与　　D. 领导作用

E. 以内部实力为关注焦点

2. 【单选】（　　）是企业为落实质量手册要求而规定的细则。

A. 质量计划　　B. 程序文件

C. 作业指导书　　D. 质量记录

3. 【单选】企业质量管理体系的文件中，在实施和保持质量体系过程中要长期遵循的纲领性文件是（　　）。

A. 作业指导书　　B. 质量计划

C. 质量记录　　D. 质量手册

4. 【单选】在质量管理体系文件中，负责保证过程质量和提供技术性质量活动指导的文件是（　　）。

A. 质量计划　　B. 程序文件

C. 作业指导书　　D. 质量记录

考点 5　质量管理体系建立【了解】

1. 【多选】在质量管理体系审核与评审阶段，审核的主要内容包括（　　）。

A. 验证规定的质量方针和质量目标的可行性

B. 确认体系文件覆盖所有主要质量活动，各文件之间接口清楚

C. 检查组织结构是否满足质量管理体系运行需求

D. 确保所有员工养成按体系文件操作的习惯

E. 分析市场营销策略是否有效

2. 【多选】根据 ISO9000 族标准，建立质量管理体系时，企业应进行的现状调查和分析包

括（ ）。

A. 体系情况分析　　B. 产品特点分析

C. 组织结构分析　　D. 市场竞争分析

E. 技术、管理和操作人员的结构和水平状况分析

3. 【单选】质量管理体系的建立和完善一般要经历：①质量管理体系文件编制；②质量管理体系审核和评审；③质量管理体系策划与设计；④质量管理体系试运行。其正确的工作流程是（ ）。

A. ①—②—③—④　　B. ②—③—①—④

C. ③—①—④—②　　D. ④—③—①—②

考点 6 质量管理体系运行【了解】

1. 【多选】质量管理体系运行控制机制包括（ ）。

A. 组织协调　　B. 质量监控

C. 质量信息管理　　D. 质量管理体系文件编制

E. 质量管理体系审核和评审

2. 【多选】在质量管理体系运行控制机制中，哪些活动紧密联系在一起是保证体系有效运行的基本条件（ ）。

A. 组织结构设计　　B. 质量信息管理

C. 质量监控　　D. 组织系统工作

E. 质量管理体系的连续改进

考点 7 质量管理体系认证与监督【必会】

1. 【单选】关于质量管理体系认证过程的说法，正确的是（ ）。

A. 认证机构在接受申请后立即进行现场检查

B. 检查组成员数量固定为 3 人

C. 企业在认证暂停期间可以使用质量管理体系认证证书宣传

D. 认证合格的企业质量管理体系有效期为 3 年

2. 【单选】根据《中华人民共和国建筑法》的规定，在质量管理体系认证过程中，企业发生不符合认证要求的情况，但尚不需要立即撤销认证时，认证机构将采取的措施是（ ）。

A. 认证撤销　　B. 处以罚款　　C. 认证暂停　　D. 忽视不管

3. 【多选】关于质量管理体系认证暂停的相关描述，可能导致认证暂停的情况有（ ）。

A. 企业提出暂停

B. 监督检查中未发现任何不符合要求的情况

C. 企业不正确使用注册、证书、标志

D. 与本单位构成利害冲突的检查组成员未被更换

E. 监督检查中发现企业质量管理体系存在不符合有关要求的情况

4. 【单选】某企业在通过质量管理体系认证后由于管理不善，认证机构对其做出了撤销认证的决定。关于该企业重新申请认证的说法，正确的是（ ）。

A. 一年后方可重新提出认证申请　　B. 不能再重新提出认证申请

C. 半年后方可重新提出认证申请

D. 三个月后方可重新提出认证申请

考点 8　施工质量保证体系的作用及内容【重要】

1. **【单选】** 在合同环境中，施工质量保证体系是指（　　）。

A. 向项目监理机构证明所完成工程满足设计和验收标准要求

B. 向业主证明施工单位资质满足完成工程项目的要求

C. 向项目监理机构证明隐蔽工程质量符合要求

D. 向业主证明施工单位具有足够的管理和技术上的能力

2. **【单选】** 根据施工质量保证体系的要求，工程项目施工质量计划按内容可分为（　　）。

A. 施工质量目标和施工质量计划

B. 施工质量工作计划和施工质量成本计划

C. 组织保证体系和工作保证体系

D. 思想保证体系和组织保证体系

3. **【多选】** 施工质量保证体系中，属于工作保证体系的施工准备阶段的工作有（　　）。

A. 技术交底和技术培训

B. 规定各职能部门主管人员的任务和权限

C. 建立工程测量控制网和测量控制制度

D. 强化过程控制

E. 开展群众性的 QC 活动

考点 9　施工质量的“三全控制”【重要】

1. **【多选】** 建设项目的质量管理应贯彻“三全控制”管理思想，“三全控制”是指（　　）。

A. 全面质量控制

B. 全过程质量控制

C. 全员参与质量控制

D. 全方位控制

E. 全系统控制

2. **【单选】** 全员参与质量控制的重要手段是（　　）。

A. 操作者的自我控制

B. 技术改进

C. 目标管理

D. PDCA 循环

第二节　施工质量抽样检验和统计分析方法

知识脉络

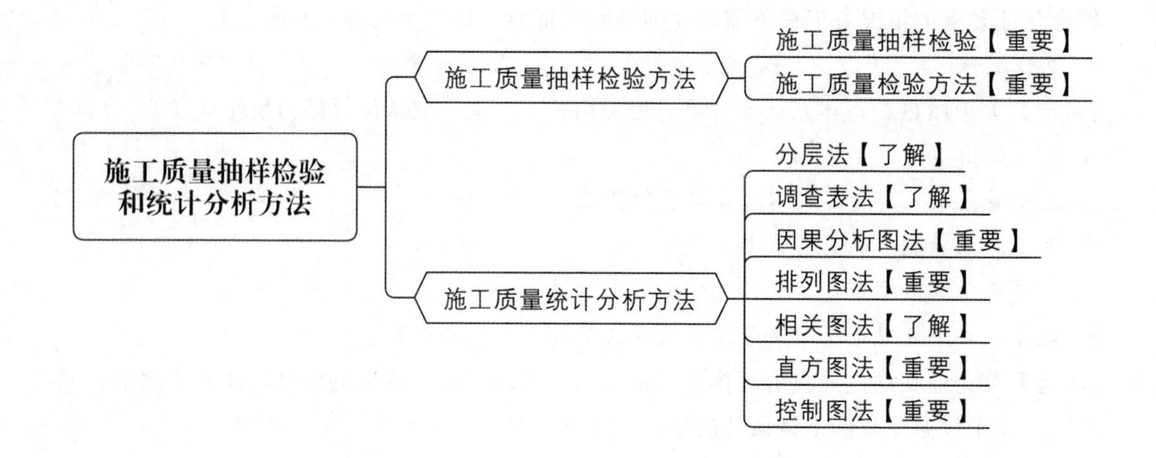

考点 1　施工质量抽样检验【重要】

【单选】质量检验时，将总体中的抽样单元按某种次序排列，在规定的范围内随机抽取一个或一组初始单元，然后按一套规则确定其他样本单元的抽样方法称为（　　）。

A. 完全随机抽样　　B. 分层随机抽样
C. 系统随机抽样　　D. 多阶段抽样

考点 2　施工质量检验方法【重要】

1.【单选】在施工质量检验中，（　　）用于检测电气安装工程中各种电器设备和材料。

A. 度量检测法　　B. 电性能检测法
C. 机械性能检测法　　D. 无损检测法

2.【单选】在施工现场抽取检验样品，送至有资质的工程质量检测机构进行检测的物理检验法是（　　）。

A. 度量检测法　　B. 电性能检测法
C. 机械性能检测法　　D. 无损检测法

考点 3　分层法【了解】

【单选】在质量统计分析中，为了突显各层间数据的差异，以便更深入地认识质量问题及其产生原因，应首先采用的方法是（　　）。

A. 分层法　　B. 直方图法　　C. 排列图法　　D. 控制图法

考点 4　调查表法【了解】

【单选】调查表法通常与（　　）结合使用，以便更快地发现问题原因。

A. 经验法　　B. 分层法
C. 样本调查法　　D. 对比分析法

考点 5　因果分析图法【重要】

【单选】关于因果分析图的说法，正确的是（　　）。

A. 通常采用 QC 小组活动的方式进行　　B. 一张因果分析图可以分析多个质量问题
C. 具有直观、主次分明的特点　　D. 可以了解质量数据的分布特征

考点 6　排列图法【重要】

1.【多选】对某模板工程表面平整度、截面尺寸、平面水平度、垂直度、标高等项目进行抽样检查，按照排列图法对抽样数据进行统计分析，发现其质量问题累计频率分别为 30%、60%、75%、89%和 100%，则 A 类质量问题包括（　　）。

A. 表面平整度　　B. 垂直度
C. 截面尺寸　　D. 标高
E. 平面水平度

2.【单选】在排列图法中，被视为主要因素且需要加强控制的是（　　）。

A. 累计频率在 0～80%范围内的因素　　B. 累计频率在 80%～90%范围内的因素
C. 累计频率在 90%～100%范围内的因素　　D. 不受累计频率影响的因素

考点 7 相关图法【了解】

1.【单选】在绘制相关图时，若收集的两种相关变量数据点在直角坐标图中呈现出由左至右向上变化的一条直线带，这种散布状况反映了两个变量之间存在的相关关系是（　　）。

A. 正相关　　B. 弱正相关

C. 不相关　　D. 负相关

2.【多选】下列关于相关图绘制和观察分析的描述中，正确的有（　　）。

A. 收集的两种相关变量的对应数据点不得少于 30 个

B. 直角坐标图中的纵横坐标均为变量，可以是质量特性或影响因素

C. 散布图中的点集合可以反映两种数据之间的散布状况

D. 正相关散布图中的点形成一团或平行于 x 轴的直线带

E. 非线性相关散布图中的点呈一曲线带

必刷 第四章

考点 8 直方图法【重要】

1.【单选】应用直方图法分析工程质量状况时，直方图出现折齿型分布的原因是（　　）。

A. 数据分组不当或组距确定不当　　B. 少量材料不合格

C. 短时间内工人操作不熟练　　D. 数据分类不当

2.【单选】下列直方图中，表明生产过程处于正常、稳定状态的是（　　）。

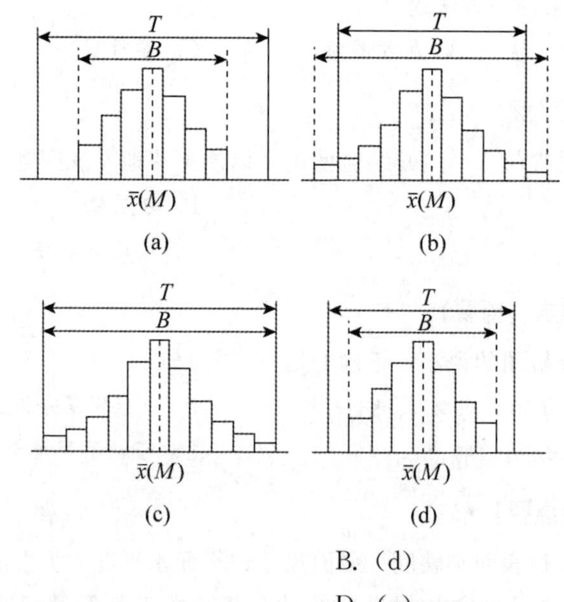

A.（a）　　B.（d）

C.（b）　　D.（c）

考点 9 控制图法【重要】

【单选】关于施工质量统计分析方法的描述，正确的是（　　）。

A. 分层法无需先对原始数据进行分组整理

B. 排列图法用于揭示数据的发展趋势和波动状态

C. 直方图法主要用于分析质量问题的原因

D. 控制图法用于在施工过程中实时监控工程质量

第三节　施工质量控制

知识脉络

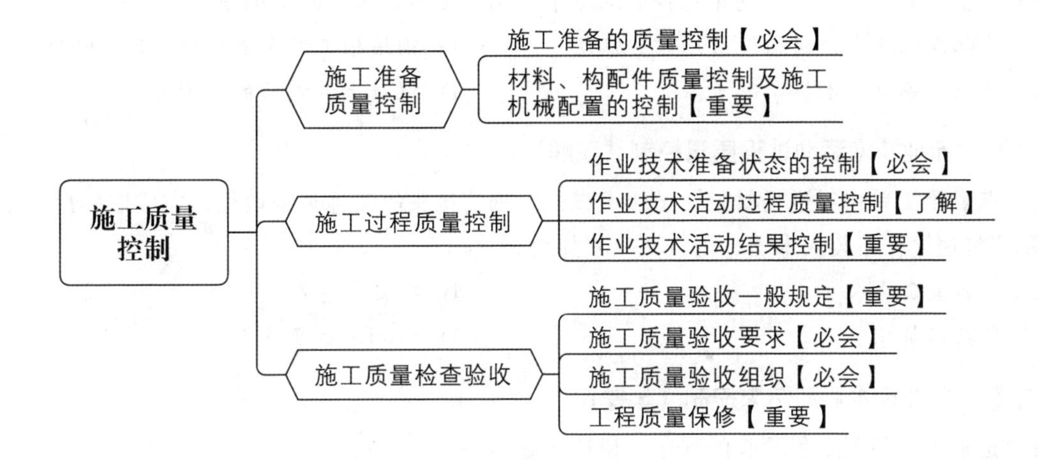

考点 1　施工准备的质量控制【必会】

1. **【单选】**下列关于施工准备工作的基本要求，说法错误的是（　　）。
   A. 施工准备工作应有组织、有计划地进行
   B. 施工准备工作必须始终遵循低成本原则
   C. 施工准备工作要坚持按工程建设程序办事
   D. 施工准备工作要建立严格的责任制及检查制度

2. **【单选】**下列关于施工组织设计的编制和报审，说法正确的是（　　）。
   A. 由建设单位编制并报监理单位审查　　B. 由设计单位编制并由建设单位审查
   C. 由施工单位编制并报监理单位审查　　D. 由监理单位编制并由建设单位审查

3. **【单选】**下列不属于施工现场准备中应进行的工作是（　　）。
   A. 测量放线校验　　B. 工程定位放线验线
   C. 施工平面布置的控制　　D. 编写项目结束报告

考点 2　材料、构配件质量控制及施工机械配置的控制【重要】

1. **【单选】**装配式建筑的混凝土预制构件出厂时，其混凝土强度不得低于混凝土设计强度等级值的（　　）。
   A. 60％　　B. 75％
   C. 65％　　D. 70％

2. **【多选】**施工机械设备质量控制通常是从（　　）方面进行。
   A. 机械设备的选型　　B. 机械设备性能参数指标的确定
   C. 机械设备制造要求　　D. 使用操作要求
   E. 机械设备运输条件

考点 3 作业技术准备状态的控制【必会】

1. 【单选】项目开工前的技术交底书应由施工项目技术人员编制，经（ ）批准实施。

A. 项目经理　　B. 总监理工程师

C. 项目技术负责人　　D. 专业监理工程师

2. 【单选】下列质量控制点的重点控制对象中，属于施工技术参数类的是（ ）。

A. 装配式混凝土预制构件出厂时的强度　　B. 钢结构工程中使用的高强度螺栓

C. 预应力钢筋的张拉　　D. 混凝土浇筑后的拆模时间

考点 4 作业技术活动过程质量控制【了解】

【单选】施工单位对进场材料、试块、试件、钢筋接头等实施见证取样，完成取样后，施工单位将送检样品装入木箱，由（ ）加封。

A. 试验室负责人　　B. 项目负责人

C. 监理人员　　D. 检测单位负责人

考点 5 作业技术活动结果控制【重要】

1. 【单选】关于隐蔽工程验收的程序，说法正确的是（ ）。

A. 施工单位不需要对隐蔽工程进行自检

B. 项目监理机构无需现场检查即可签字确认隐蔽工程质量

C. 如果现场检查发现隐蔽工程质量不合格，项目监理机构应发出整改通知

D. 隐蔽工程验收后，不需要施工单位和项目监理机构签字确认

2. 【多选】隐蔽工程验收程序包括的步骤有（ ）。

A. 施工单位进行隐蔽工程自检

B. 填写《隐蔽工程报验申请表》并报送项目监理机构

C. 施工单位自行确认质量并进行隐蔽

D. 项目监理机构到现场检查并签字确认

E. 如有不合格，项目监理机构发出整改通知

考点 6 施工质量验收一般规定【重要】

1. 【单选】根据施工质量验收的一般规定，对于分项工程的划分原则是（ ）。

A. 根据施工组织划分

B. 根据楼层、施工段划分

C. 根据工种、材料、施工工艺、设备类别划分

D. 根据建筑物或构筑物的独立使用功能划分

2. 【单选】对某办公大楼二层一施工段内的框架柱钢筋制作的质量，应按一个（ ）进行验收。

A. 检验批　　B. 单位工程　　C. 分部工程　　D. 分项工程

考点 7 施工质量验收要求【必会】

1. 【多选】施工过程的工程质量验收中，分项工程质量验收合格的条件有（ ）。

A. 所含检验批的质量均已验收合格　　B. 观感质量验收符合要求

C. 有关安全和功能的检测资料完整　　D. 所含检验批质量验收资料完整

E. 主要功能性项目的抽查结果符合相关专业验收规范的规定

2. 【多选】施工过程的工程质量验收中，分部工程质量验收合格应符合的规定有（　　）。

A. 所含检验批的质量均应验收合格　　B. 所含分项工程的质量均应验收合格

C. 质量控制资料应完整　　D. 观感质量应符合要求

E. 所含检验批的质量验收记录应完整

考点 8　施工质量验收组织【必会】

1. 【单选】施工过程质量验收环节中，应由总监理工程师组织验收的是（　　）。

A. 检验批质量验收　　B. 分项工程质量验收

C. 分部工程质量验收　　D. 竣工质量验收

2. 【单选】根据《建筑工程施工质量验收统一标准》，分项工程质量验收的组织者是（　　）。

A. 项目经理　　B. 项目技术负责人

C. 总监理工程师　　D. 专业监理工程师

3. 【多选】工程质量验收时，设计单位项目负责人应参加验收的分部工程有（　　）。

A. 地基与基础　　B. 装饰装修

C. 主体结构　　D. 环境保护

E. 节能工程

考点 9　工程质量保修【重要】

1. 【单选】根据建筑工程质量保修规定，施工单位应编制的工程使用说明书包括（　　）。

A. 工程造价及预算报告　　B. 主体结构位置示意图

C. 工程项目的市场分析　　D. 施工阶段的安全生产记录

2. 【单选】工程完工后，建设单位如发现工程存在一般质量缺陷，应首先采取的措施是（　　）。

A. 立即组织拆除重建　　B. 向施工单位发出保修通知

C. 自行修复，之后向施工单位索赔　　D. 通知设计单位参与修复

第四节　施工质量事故预防与调查处理

知识脉络

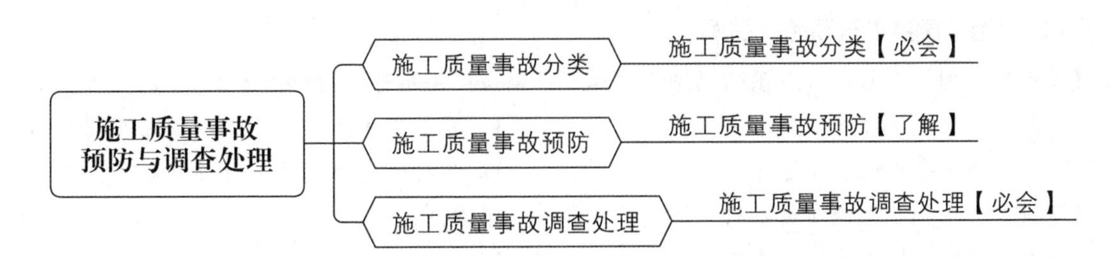

考点 1 施工质量事故分类【必会】

1. 【单选】下列施工质量事故中，属于指导责任事故的是（　　）。

A. 混凝土振捣疏漏造成的质量事故

B. 砌筑工人不按操作规程施工导致墙体坍塌

C. 工程负责人放松质量标准造成的质量事故

D. 浇筑混凝土时操作者随意加水使强度降低造成的质量事故

2. 【单选】按事故责任分类，下列质量事故中，属于操作责任事故的是（　　）。

A. 浇筑混凝土时随意加水导致的质量事故

B. 工程负责人片面追求施工进度导致的质量事故

C. 降低施工质量标准导致的质量事故

D. 洪水对工程造成破坏的事故

3. 【单选】下列工程质量事故中，属于技术原因引发的质量事故是（　　）。

A. 设备管理不善造成仪器失准

B. 结构设计计算错误

C. 检验检查制度不严密

D. 监理人员旁站检验不到位

4. 【单选】某工程施工过程中，由于进场材料的检验不严格而引发质量事故，如按质量事故产生的原因划分，该质量事故是由（　　）原因引发的。

A. 技术　　B. 社会

C. 管理　　D. 经济

5. 【单选】某工程由于施工现场管理混乱，质量问题频发，最终导致在建的一栋办公楼施工至主体 3 层时倒塌，死亡 30 人，重伤 50 人，则该起质量事故属于（　　）。

A. 一般事故　　B. 特别重大事故

C. 重大事故　　D. 较大事故

6. 【多选】根据工程质量事故造成损失的程度分级，属于较大事故的有（　　）。

A. 10 人以上 50 人以下重伤

B. 3 人以上 10 人以下死亡

C. 1 亿元以上直接经济损失

D. 1000 万元以上 5000 万元以下直接经济损失

E. 5000 万元以上 1 亿元以下直接经济损失

考点 2 施工质量事故预防【了解】

1. 【单选】下列施工质量事故预防措施中，属于严格按照基本建设程序办事的是（　　）。

A. 严格控制建筑材料质量　　B. 禁止任意修改设计和不按图纸施工

C. 严禁脚手架超载堆放材料　　D. 推行终身职业技能培训制度

2. 【单选】关于施工单位质量事故预防措施的说法，错误的是（　　）。

A. 控制建筑材料及制品的质量　　B. 做好施工现场环境管理

C. 对施工图进行审查复核　　D. 选择正确的施工顺序

考点 3　施工质量事故调查处理【必会】

1.【多选】关于施工质量施工处理基本要求的说法，正确的有（　　）。

A. 消除造成事故的原因

B. 合理确定处理范围

C. 确保技术先进、经济合理

D. 加强事故处理的检查验收工作

E. 确保事故处理期间的安全

2.【单选】建设工程施工质量事故的处理程序中，确定处理结果是否达到预期目的、是否依然存在隐患，属于（　　）环节的工作。

A. 事故处理的鉴定验收

B. 事故调查

C. 事故原因分析

D. 制定事故处理技术方案

3.【单选】下列工程质量事故中，可由事故发生单位组织事故调查组进行调查的是（　　）。

A. 2 人以下死亡，100 万～500 万元直接经济损失的事故

B. 5 人以下重伤，100 万～500 万元直接经济损失的事故

C. 未造成人员伤亡，1000 万～5000 万元直接经济损失的事故

D. 未造成人员伤亡，100 万～1000 万元直接经济损失的事故

4.【单选】下列施工质量缺陷问题中，可不作处理的是（　　）。

A. 混凝土结构出现了 0.4mm 宽裂缝

B. 混凝土结构误用了安定性不合格水泥

C. 预应力构件张拉系数不满足设计要求

D. 混凝土现浇楼面平整度偏差 10mm

5.【多选】工程质量缺陷可以不作专门处理的有（　　）。

A. 结构安全、生产工艺和使用要求不受影响的质量缺陷

B. 下一道工序可以弥补的质量缺陷

C. 法定检测单位鉴定合格的工程

D. 经设计单位核算，仍能满足结构安全和使用功能的工程

E. 项目总造价不超过预算的情况下出现的质量缺陷

PART 5

第五章 施工成本管理

学习计划：

扫码做题
熟能生巧

学而时习之 不亦说乎

第一节 施工成本影响因素及管理流程

知识脉络

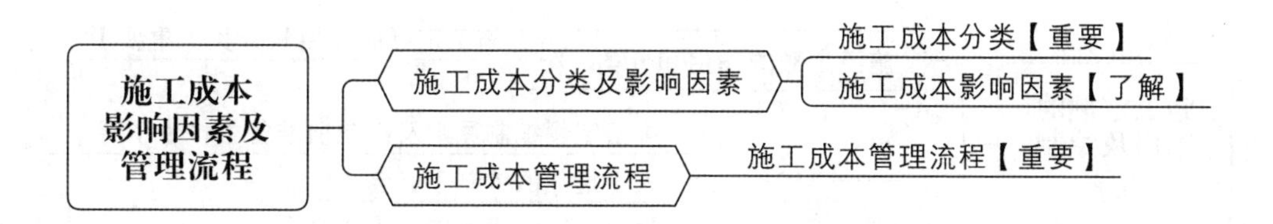

考点1 施工成本分类【重要】

1. 【单选】施工成本的直接成本包括（　　）。

A. 人工费、材料费、施工机具使用费和措施费

B. 管理人员工资和工资性津贴、奖金、工资附加费

C. 行政管理用固定资产折旧费及修理费、物料消耗、低值易耗品摊销

D. 水电费、办公费、差旅费、财产保险费、检验试验费

2. 【单选】根据施工成本与工程量的关系，施工成本可分为固定成本和变动成本，下列（　　）不属于固定成本。

A. 办公费　　B. 管理人员工资

C. 按直线法计提的固定资产折旧　　D. 材料费

考点2 施工成本影响因素【了解】

1. 【单选】施工现场管理能力的高低直接关系到施工成本，下列不属于由于现场管理能力低下而可能导致施工成本增加的是（　　）。

A. 返工、返修　　B. 材料浪费

C. 工人高效作业　　D. 机械闲置

2. 【单选】下列不属于因施工质量问题而可能产生的额外成本的是（　　）。

A. 修复和重建成本　　B. 维护和修理成本

C. 客户满意度和声誉成本　　D. 施工机具的折旧成本

考点3 施工成本管理流程【重要】

1. 【单选】施工项目管理机构的施工成本管理流程不包括（　　）。

A. 成本计划　　B. 成本控制

C. 成本审核　　D. 成本管理绩效考核

2. 【单选】关于施工成本管理各项工作之间关系的说法，正确的是（　　）。

A. 成本计划能对成本控制的实施进行监督

B. 成本核算是成本计划的基础

C. 成本预算是实现成本目标的保证

D. 成本分析为成本管理绩效考核提供依据

第二节　施工定额的作用及编制方法

知识脉络

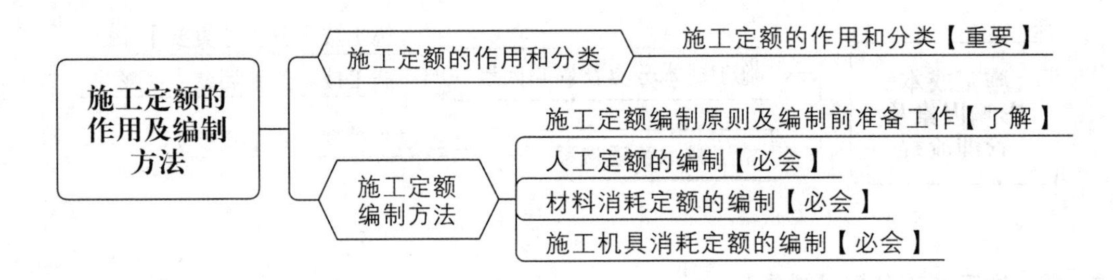

考点 1　施工定额的作用和分类【重要】

1. 【单选】下列定额中，属于施工企业内部使用的、以工序为对象编制的定额是（　　）。

A. 预算定额　　B. 概算定额
C. 概算指标　　D. 施工定额

2. 【单选】下列建设工程定额中，（　　）是基础性定额。

A. 施工定额　　B. 费用定额
C. 概算定额　　D. 预算定额

3. 【单选】下列建设工程定额中，具有企业定额性质的是（　　）。

A. 预算定额　　B. 概算定额
C. 概算指标　　D. 施工定额

考点 2　施工定额编制原则及编制前准备工作【了解】

1. 【单选】施工定额的编制原则包括"平均先进"的原则，下列描述符合"平均先进"原则内涵的是（　　）。

A. 所有施工班组都能轻松达到的水平　　B. 多数施工班组可以努力达到的水平
C. 仅个别施工班组能够达到的水平　　D. 远高于当前行业标准的水平

2. 【单选】在编制施工定额前，需要进行一系列的准备工作。下列不属于编制前的准备工作的是（　　）。

A. 明确编制任务和指导思想
B. 系统整理和研究日常积累的定额基本资料
C. 拟定定额编制方案
D. 确定项目工期和成本预算

考点 3　人工定额的编制【必会】

1. 【单选】根据生产技术和施工组织条件，对施工过程中各工序采用测时法、写实记录法、工作日写实法，测出各工序的工时消耗等资料，再对所获得的资料进行科学分析，制定出人工定额的方法是（　　）。

A. 技术测定法　　B. 统计分析法

C. 比较类推法　　D. 经验估计法

2. 【多选】施工作业的定额时间，是在拟定辅助工作时间、（　　），以及休息时间的基础上编制的。

A. 基本工作时间　　B. 偶然工作时间

C. 准备与结束时间　　D. 不可避免的中断时间

E. 多余工作时间

3. 【单选】编制人工定额时，应计入定额时间的是（　　）。

A. 工人在工作时间内的聊天时间

B. 工人午饭后迟到时间

C. 材料供应中断造成的停工时间

D. 工作结束后的整理工作时间

4. 【多选】下列工人工作的时间中，属于损失时间的有（　　）。

A. 多余和偶然工作时间

B. 材料供应不及时导致的停工时间

C. 因施工工艺特点引起的工作中断时间

D. 技术工人由于差错导致的工时损失

E. 工人午休后迟到造成的工时损失

考点 4　材料消耗定额的编制【必会】

1. 【单选】材料的损耗一般以损耗率表示。材料损耗率可以通过观察法或（　　）计算确定。

A. 理论计算法　　B. 测定法

C. 经验法　　D. 统计法

2. 【单选】施工企业在投标报价时，周转性材料的消耗量应按（　　）计算。

A. 周转使用次数　　B. 摊销量

C. 每周转使用一次的损耗量　　D. 一次使用量

3. 【多选】制定材料消耗定额时，确定材料净用量的方法有（　　）。

A. 理论计算法　　B. 测定法

C. 图纸计算法　　D. 评估法

E. 经验法

4. 【单选】材料消耗定额中不可避免的消耗一般以损耗率表示，损耗率的计算公式为（　　）。

A. 损耗率＝损耗量/材料消耗定额×100%

B. 损耗率＝损耗量/净用量×100%

C. 损耗率＝损耗量/（净用量＋损耗量）×100%

D. 损耗率＝损耗量/（净用量－损耗量）×100%

5. 【多选】材料按其使用性质、用途和用量大小划分为（　　）。

A. 主要材料　　B. 周转性材料

C. 辅助材料　　D. 零星材料

E. 施工废料

6. 【多选】影响施工现场周转性材料消耗的主要因素有（　　）。

A. 第一次制造时的材料消耗

B. 每周转使用一次材料的损耗

C. 周转使用次数

D. 周转材料的最终回收及其回收折价

E. 材料损耗量的测算方法

考点 5　施工机具消耗定额的编制【必会】

1. 【多选】下列工作时间中，属于施工机械台班使用定额中必需消耗的时间有（　　）。

A. 机械操作工人加班的工作时间

B. 工序安排不合理造成的机械停工时间

C. 正常负荷下机械的有效工作时间

D. 有根据地降低负荷下的有效工作时间

E. 不可避免的无负荷工作时间

2. 【单选】施工机械台班产量定额等于（　　）。

A. 机械净工作 1h 生产率×工作班延续时间

B. 机械净工作 1h 生产率×工作班延续时间×机械利用系数

C. 机械净工作 1h 生产率×机械利用系数

D. 机械净工作 1h 生产率×工作班延续时间×机械运行时间

3. 【单选】下列施工机械产量定额和时间定额的关系表达式中，正确的是（　　）。

A. 施工机械产量定额×施工机械时间定额×工作小组人数＝1

B. 施工机械产量定额＝2/施工机械时间定额

C. 施工机械产量定额＝1/施工机械时间定额

D. 施工机械产量定额＋施工机械时间定额＝1

4. 【单选】已知某挖土机挖土的一个工作循环需 3min，每循环一次挖土 $0.6m^3$，工作班的延续时间为 8h，机械利用系数 $K=0.85$，则该挖土机的台班产量定额是（　　）m^3/台班。

A. 82　　　　B. 86

C. 96　　　　D. 104

第三节　施工成本计划

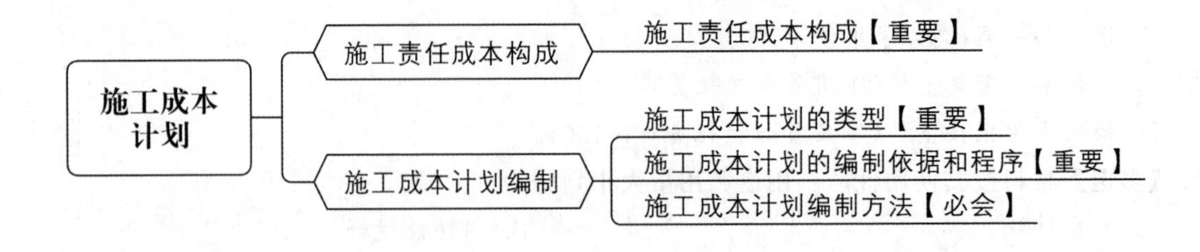

考点 1　施工责任成本构成【重要】

1.【单选】下列选项中，不属于施工责任成本四个条件的是（　　）。

A. 可考核性　　B. 可执行性

C. 可计量性　　D. 可预计性

2.【单选】在施工责任成本管控过程中，（　　）主要负责完成标价分离、施工成本测算。

A. 技术部门　　B. 商务部门

C. 财务部门　　D. 人力资源部门

考点 2　施工成本计划的类型【重要】

1.【单选】下列成本计划中，用以确定施工责任成本的是（　　）。

A. 指导性成本计划

B. 竞争性成本计划

C. 响应性成本计划

D. 实施性成本计划

2.【多选】施工项目竞争性成本计划是（　　）的估算成本计划。

A. 选派项目经理阶段

B. 施工投标阶段

C. 施工准备阶段

D. 签订合同阶段

E. 制定企业年度计划阶段

3.【单选】建设工程项目施工准备阶段的施工预算成本计划，以项目实施方案为依据，采用（　　）编制。

A. 人工定额　　B. 概算定额

C. 预算定额　　D. 施工定额

考点 3　施工成本计划的编制依据和程序【重要】

1.【多选】施工成本计划的编制依据包括（　　）。

A. 合同文件　　B. 施工组织设计

C. 项目管理实施规划　　D. 相关定额

E. 类似项目的成本资料

2.【单选】成本计划的编制步骤有：①确定项目总体成本目标；②预测项目成本；③针对成本计划制定相应的控制措施；④编制项目总体成本计划；⑤审批相应的成本计划；⑥项目管理机构与企业职能部门分别编制相应的成本计划。排序正确的是（　　）。

A. ①→②→③→④→⑤→⑥

B. ②→①→④→⑥→③→⑤

C. ②→①→③→④→⑥→⑤

D. ②→①→③→④→⑤→⑥

考点 4　施工成本计划编制方法【必会】

1.【单选】某项目按施工进度编制的施工成本计划如下图所示，则 4 月份计划成本是（　　）

万元。

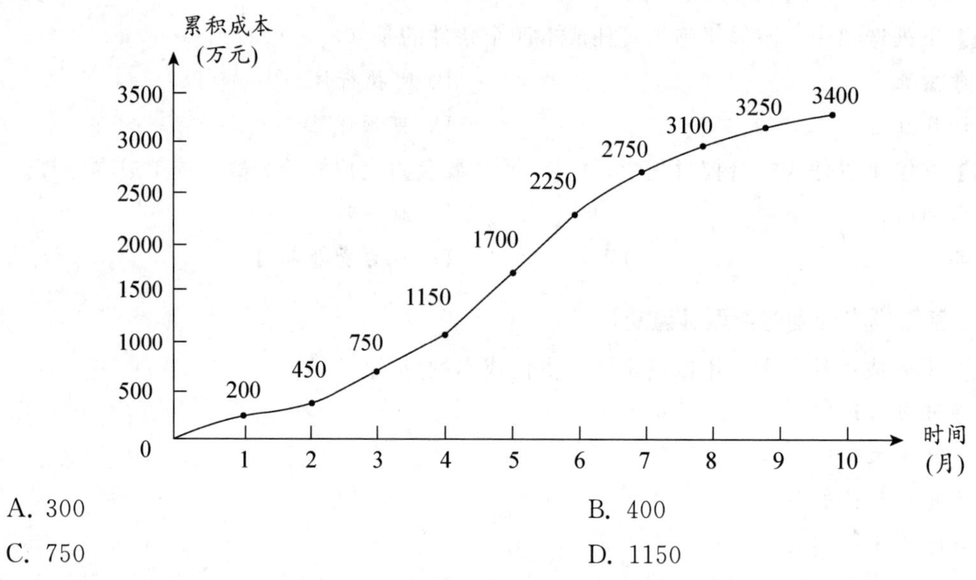

A. 300　　　　B. 400

C. 750　　　　D. 1150

2. 【单选】将项目总施工成本分解到单项工程和单位工程中，再进一步分解到分部工程和分项工程，这种施工成本计划的编制方法属于（　　）。

A. 按成本组成编制　　　　B. 按项目结构编制

C. 按工程实施阶段编制　　　　D. 按合同结构编制

3. 【单选】关于编制施工项目成本支出计划时考虑预备费的说法，正确的是（　　）。

A. 只针对整个项目考虑总的预备费，以便灵活调用

B. 在分析各分项工程风险的基础上，只针对部分分项工程考虑预备费

C. 要针对整个项目考虑总的预备费，也要在主要分项工程中安排适当的不可预见费

D. 不考虑整个项目的预备费，由施工企业统一考虑

4. 【单选】某工程按月编制的成本计划如下图所示，若6月、8月实际成本为1000万元和700万元，其余月份的实际成本与计划成本均相同。关于该工程施工成本的说法，正确的是（　　）。

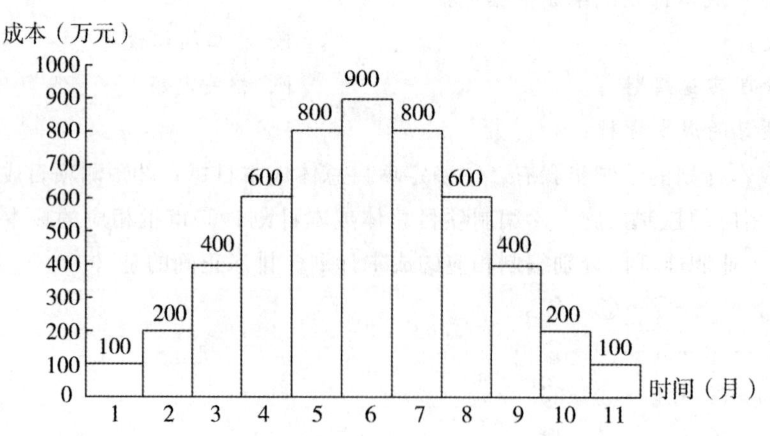

A. 第6月末计划成本累计值为3100万元

B. 第8月末计划成本累计值为4500万元

C. 第8月末实际成本累计值为4600万元

D. 第 6 月末实际成本累计值为 3000 万元

5. 【多选】按成本构成分解，施工成本分为人工费、材料费和（　　）。

A. 企业管理费　　B. 措施费

C. 暂估价　　D. 施工机具使用费

E. 间接费

6. 【单选】某项目施工成本计划如下图所示，则 5 月末计划累计成本支出为（　　）万元。

项目名称	成本强度（万元/月）	工程进度（月）				
		1	2	3	4	5
A	10					
B	20					
C	15					
D	30					
E	25					

A. 325　　B. 270

C. 180　　D. 75

第四节　施工成本控制

知识脉络

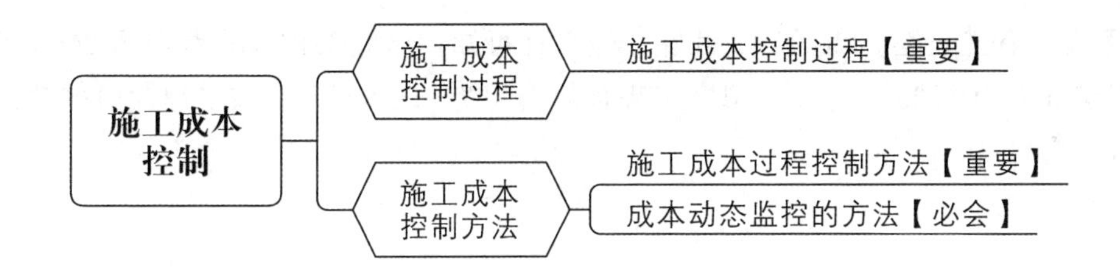

考点 1　施工成本控制过程【重要】

1. 【单选】关于成本控制程序的说法，正确的是（　　）。

A. 管理行为控制过程是成本全过程控制的重点

B. 指标控制过程是对成本进行过程控制的基础

C. 管理行为控制是指标控制的主要内容

D. 管理行为控制过程和指标控制过程在实施过程中既相互制约又相互联系

2. 【单选】施工成本指标控制的工作包括：①采集成本数据，监测成本形成过程；②制定对策，纠正偏差；③找出偏差，分析原因；④确定成本管理分层次目标。其正确的工作程序是（　　）。

A. ④—①—③—②　　B. ①—②—③—④

C. ①—③—②—④　　D. ②—④—③—①

3. 【单选】（　　）的目的是确保每个岗位人员在成本管理过程中的管理行为符合事先确定的

程序和方法的要求。

A. 管理行为控制　　B. 指标控制

C. 监测成本形成过程　　D. 制定纠偏对策

考点 2　施工成本过程控制方法【重要】

1. 【单选】关于施工材料费控制的说法，正确的是（　　）。

A. 主要控制材料的采购价格

B. 应由施工作业者包干控制

C. 应遵循“量价分离”原则

D. 主要是定额控制

2. 【多选】下列施工机具使用费控制措施中，属于控制台班数量的有（　　）。

A. 加强施工机械设备内部调配

B. 加强机械设备配件管理

C. 加强设备租赁计划管理

D. 提高机械设备利用率

E. 按油料消耗定额控制油料消耗

3. 【单选】在施工成本的过程控制中，需进行包干控制的材料是（　　）。

A. 钢钉　　B. 水泥

C. 钢筋　　D. 石子

考点 3　成本动态监控的方法【必会】

1. 【单选】某工程建设至 2020 年 10 月底，经统计可知，已完工程预算费用为 2000 万元，已完工程实际费用为 2300 万元，拟完工程预算费用为 1800 万元。该工程此时的费用绩效指数为（　　）。

A. 0.87　　B. 0.90

C. 1.11　　D. 1.15

2. 【单选】某土方工程，月计划工程量为 2800m^3，预算单价为 25 元/m^3，到月末时已完工程量为 3000m^3，实际单价为 26 元/m^3。下列对该工程采用挣值法进行偏差分析的说法，正确的是（　　）。

A. 已完工程实际费用为 75000 元

B. 费用绩效指数＞1，表明实际费用超出预算费用

C. 进度绩效指数＞1，表明实际进度比计划进度拖后

D. 费用偏差为－3000 元，表明实际费用超出预算费用

3. 【单选】某工程项目截止至 8 月末的有关费用数据为：*BCWP* 为 980 万元，*BCWS* 为 820 万元，*ACWP* 为 1050 万元，则其 *SV* 为（　　）万元。

A. －160　　B. 160

C. 70　　D. －70

4. 【单选】某土方工程，计划总工程量为 5600m^3，预算单价为 560 元/m^3，计划 8 个月内均衡完成；开工后，实际单价为 600 元/m^3，施工至第 4 个月末，累计实际完成工程量为

$3000m^3$。若运用挣值法分析，则第 4 个月末的费用偏差为（　　）万元。

A. －12.0　　B. 12.0

C. 11.2　　D. －11.2

5.【单选】某工程的挣值分析曲线如下图所示，关于 t_1 时点成本和进度状态的说法，正确的是（　　）。

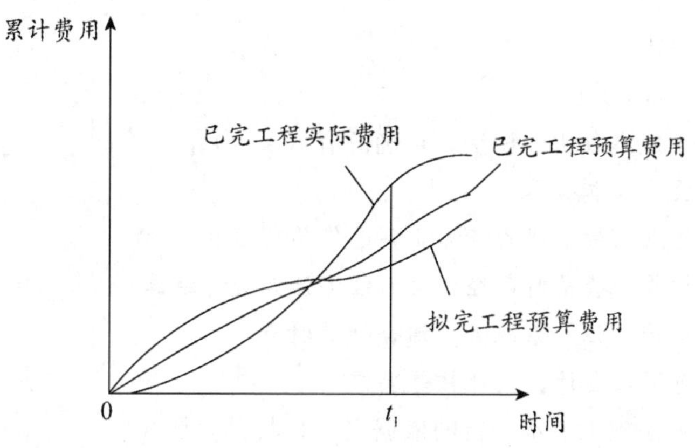

A. 费用节约、进度提前　　B. 费用超支、进度拖后

C. 费用节约、进度拖后　　D. 费用超支、进度提前

6.【单选】项目经理部通过在混凝土拌合物中加入添加剂的方法以降低水泥消耗量，属于成本管理措施中的（　　）。

A. 经济措施　　B. 组织措施

C. 合同措施　　D. 技术措施

7.【多选】下列施工成本管理措施中，属于经济措施的有（　　）。

A. 对施工方案进行经济效果分析论证

B. 通过生产要素的动态管理控制实际成本

C. 编制合适的施工成本控制工作流程

D. 对各种变更及时落实业主签证并结算工程款

E. 对施工成本管理目标进行风险分析，并制定防范性对策

第五节　施工成本分析与管理绩效考核

知识脉络

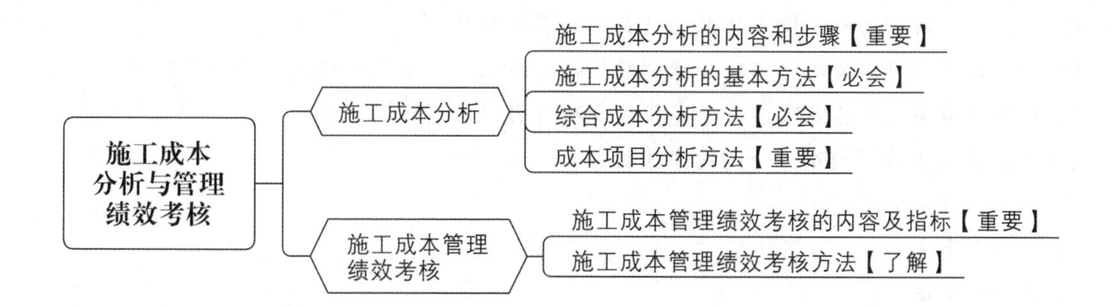

考点 1 施工成本分析的内容和步骤【重要】

1.【单选】施工成本分析的主要工作有：①收集成本信息；②选择成本分析方法；③分析成本形成原因；④进行成本数据处理；⑤确定成本结果。正确的步骤是（　　）。

A. ①—②—④—⑤—③

B. ②—③—①—⑤—④

C. ①—③—②—④—⑤

D. ②—①—④—③—⑤

2.【多选】下列关于成本分析的说法，正确的有（　　）。

A. 会计核算主要是成本核算

B. 业务核算的特点是对个别的经济业务进行单项核算

C. 会计和统计核算一般是对已经发生的经济活动进行核算

D. 会计核算具有连续性、系统性、综合性的特点

E. 业务核算的范围比会计、统计核算要广

3.【单选】业务核算是施工成本分析的依据之一，其目的是（　　）。

A. 预测成本变化发展的趋势

B. 迅速取得资料，以便及时采取措施调整经济活动

C. 计算当前的实际成本水平

D. 记录企业的一切生产经营活动

考点 2 施工成本分析的基本方法【必会】

1.【多选】某施工项目的商品混凝土目标产量为 800m³，目标单价为 600 元/m³，预计损耗率为 5%；实际产量为 850m³，实际单价为 640 元/m³，实际损耗率为 3%。若采用因素分析法进行成本分析（因素的排列顺序是：产量、单价、损耗量），则（　　）。

A. 产量增加使成本增加了 31500 元

B. 损耗率下降使成本增加了 10880 元

C. 单价提高使成本增加了 35700 元

D. 损耗率下降使成本减少了 10880 元

E. 各因素的影响程度之和为 56320 元，和实际成本与目标成本的总差额相等

2.【多选】关于施工成本分析基本方法的说法，正确的有（　　）。

A. 比较法通过技术经济指标的对比，检查目标的完成情况，分析产生差异的原因

B. 差额计算法将两个性质不同而又相关的指标加以对比，求出比率

C. 因素分析法可用来分析各种因素对成本的影响程度

D. 动态比率法将同类指标不同时期的数值进行对比，分析指标的发展方向和速度

E. 相关比率法通过构成比率，考察各成本项目占成本总量的比重

3.【多选】常用于施工成本分析的比率法有（　　）。

A. 相关比率法

B. 连环比率法

C. 置换比率法

D. 构成比率法

E. 动态比率法

4. 【单选】施工成本分析的方法中，通过技术经济指标的对比，检查目标的完成情况，分析产生差异的原因，进而挖掘降低成本的方法是（　　）。

A. 比较法

B. 因素分析法

C. 差额计算法

D. 比率法

考点 3 综合成本分析方法【必会】

1. 【多选】关于分部分项工程成本分析的说法，正确的有（　　）。

A. 分部分项工程成本分析的对象为已完分部分项工程

B. 分部分项工程成本分析是施工项目成本分析的基础

C. 必须对施工项目的所有分部分项工程进行成本分析

D. 对主要分部分项工程要做到从开工到竣工进行系统的成本分析

E. 分部分项工程成本分析是目标成本和实际成本的对比

2. 【单选】进行月（季）度成本分析时，如果出现人工费、机械费的“政策性”亏损，则应该（　　）。

A. 增加收入，弥补亏损

B. 采取增收节支措施，防止今后再超支

C. 从控制支出着手，把超支额压缩到最低限度

D. 停止生产，等待政策调整

3. 【单选】年度成本分析的内容，除了月（季）度成本分析的六个方面以外，重点是（　　）。

A. 通过实际成本与目标成本的对比，寻求成本偏差的原因

B. 通过与行业平均水平的对比，寻找差距

C. 针对下一年度的施工进展情况制定切实可行的成本管理措施

D. 通过实际成本与目标成本的对比，寻求进一步降低成本的途径

4. 【单选】单位工程竣工成本综合分析的内容不包括（　　）。

A. 竣工成本分析

B. 主要资源节超对比分析

C. 差额计算分析

D. 主要技术节约措施及经济效果分析

5. 【多选】关于分部分项工程成本分析资料来源的说法，正确的有（　　）。

A. 实际成本来自实际工程量与计划单价的乘积

B. 投标报价来自预算成本

C. 预算成本来自投标报价成本

D. 成本偏差来自预算成本与目标成本的差额

E. 目标成本来自施工预算

考点 4　成本项目分析方法【重要】

1. 【多选】在材料费分析中，材料的储备资金是根据（　　）计算的。
   A. 材料单价
   B. 日平均用量
   C. 储备天数
   D. 材料整理及零星运费
   E. 材料物资的盘亏及毁损

2. 【多选】成本项目的分析方法中，材料费的分析包括（　　）。
   A. 主要材料和结构件费用的分析
   B. 周转材料使用费分析
   C. 采购保管费分析
   D. 材料储备资金分析
   E. 材料储存环境的分析

考点 5　施工成本管理绩效考核的内容及指标【重要】

1. 【单选】若项目施工合同成本为 1000 万元，实际施工成本为 800 万元，则项目施工成本降低率为（　　）。
   A. 20%
   B. 25%
   C. 80%
   D. 200%

2. 【单选】下列施工成本考核指标中，属于施工企业项目成本考核的是（　　）。
   A. 项目施工成本降低率
   B. 目标总成本降低率
   C. 施工责任目标成本实际降低率
   D. 施工计划成本实际降低率

考点 6　施工成本管理绩效考核方法【了解】

1. 【单选】下列不是 360°反馈法在施工成本管理绩效考核中的优点的是（　　）。
   A. 提高考核准确性
   B. 考核时间和成本较高
   C. 促进个体发展
   D. 增强部门合作

2. 【单选】在施工成本管理过程中，若企业希望从财务绩效、客户满意度、内部流程效率和学习与成长四个维度全面评估成本管理绩效，应当采用（　　）。
   A. 关键绩效指标（KPIs）
   B. 360°反馈法
   C. PDCA 管理循环法
   D. 平衡积分卡

3. **【多选】**下列属于 PDCA 管理循环法在施工成本管理绩效考核方法中的优点的有（　　）。

A. 提高管理成效

B. 增强部门协作

C. 考核时间和成本较高

D. 提高考核准确性

E. 促进个体发展

PART 6

第六章 施工安全管理

学习计划：

扫码做题
熟能生巧

读书百遍 其义自见

第一节 职业健康安全管理体系

知识脉络

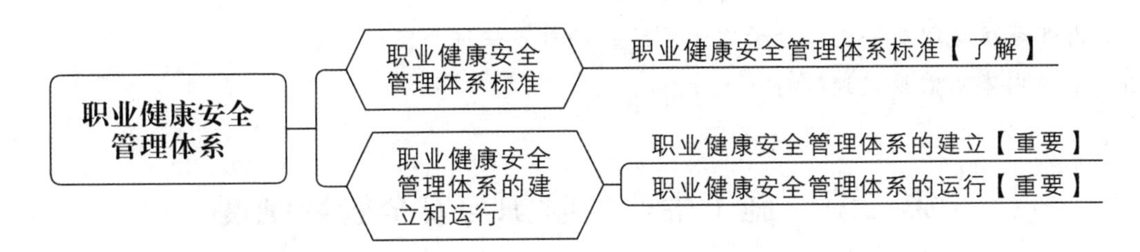

考点1 职业健康安全管理体系标准【了解】

1. **【单选】**在职业健康安全管理体系标准的特点中，下列不属于系统化管理机制的实现方式的是（　　）。

A. 组织职责系统化　　B. 风险管控系统化

C. 管理过程系统化　　D. 职业健康安全绩效随机评估

2. **【多选】**关于职业健康安全管理体系标准特点的描述，正确的有（　　）。

A. 具有广泛的适用性，不限于特定规模或类型的组织

B. 可与质量管理体系、环境管理体系等兼容或整合

C. 对组织的职业健康安全绩效不提供任何要求

D. 遵循自愿原则，组织可根据意愿决定是否建立和保持职业健康安全管理体系

E. 必须实现国家规定的特定职业健康安全绩效目标

考点2 职业健康安全管理体系的建立【重要】

1. **【单选】**在职业健康安全管理体系的建立中，最高管理者对预防与工作相关的伤害和健康损害，以及提供健康安全的工作场所和活动负责并承担责任是（　　）的内涵。

A. 体系策划和设计　　B. 领导决策和承诺

C. 体系试运行　　D. 进行初始评审

2. **【单选】**关于职业健康安全管理体系初始（状态）评审的描述，正确的是（　　）。

A. 主要为了调整组织结构，使其适应管理体系标准

B. 是为了制定职业健康安全方针而进行的现状调查

C. 用于评价组织与职业健康安全管理标准要求的符合性

D. 侧重于检查体系文件编写的完整性和准确性

考点3 职业健康安全管理体系的运行【重要】

1. **【单选】**在职业健康安全管理体系的运行过程中，对不符合标准的情况及时采取有效的纠正和预防措施的目的是（　　）。

A. 实现组织的财务增长

B. 保证职业健康安全管理体系的充分、有效运行

C. 提高员工的工作满意度

D. 避免内部人员的监督检查

2. 【单选】关于内部审核的说法，正确的是（　　）。

A. 内部审核的目的是为外部监管机构的检查和评价做准备

B. 内部审核仅限于组织的内审员参与

C. 内部审核是职业安全健康管理体系的一种自我保证手段

D. 常规内审不需要定期进行

第二节　施工生产危险源与安全管理制度

知识脉络

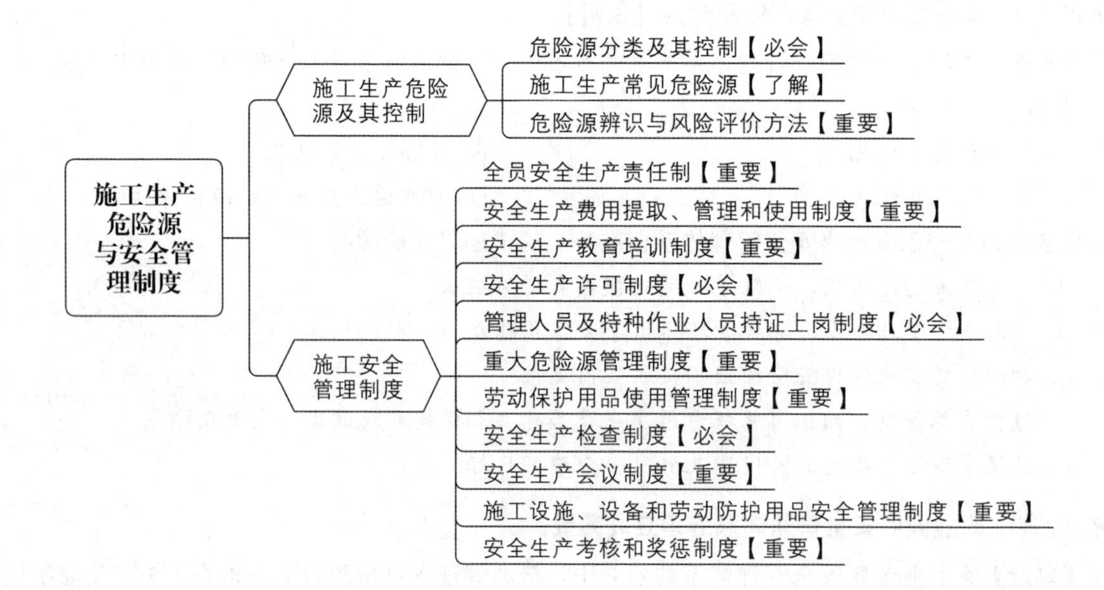

考点1　危险源分类及其控制【必会】

1. 【单选】下列风险控制方法中，适用于第一类危险源控制的是（　　）。

A. 提高各类设施的可靠性　　B. 设置安全监控系统

C. 隔离危险物质　　D. 加强员工的安全意识教育

2. 【单选】根据危险源在事故发生发展中的作用，把危险源分为两大类，即第一类危险源和第二类危险源。下列不属于第二类危险源的是（　　）。

A. 能量或危险物质　　B. 管理缺陷　　C. 设备故障或缺陷　　D. 人为失误

考点2　施工生产常见危险源【了解】

【多选】在施工现场进行土方施工时，为防止坍塌倾覆事故的发生，需要满足的规定有（　　）。

A. 土方施工必须按规定放坡和支护

B. 基坑/桩孔及边坡护壁可按照施工方便原则进行施工

C. 地下水必须及时抽取或采取降水措施

D. 流砂/泥必须及时有效防治

E. 危险区域未设置警示标志、防护措施也可进行施工

考点 3　危险源辨识与风险评价方法【重要】

1. 【单选】关于安全检查表法的描述，错误的是（　　）。

A. 通过列出检查项目来确定场所状态是否符合安全要求

B. 用于发现系统中存在的危险隐患并提出改进措施

C. 只适用于装置和设备的危险源评价

D. 检查范围可以包括操作和管理等多方面

2. 【单选】LEC 评价法中，“C”指代的是（　　）。

A. 事故发生的可能性

B. 人员暴露于危险环境的频繁程度

C. 一旦发生事故可能造成的后果

D. 危险源所处的物理状态

考点 4　全员安全生产责任制【重要】

1. 【单选】根据《中华人民共和国安全生产法》和其他有关安全生产的法律法规，企业在全员安全生产责任制基本规定中，需做到（　　）。

A. 横向到边、纵向到底

B. 仅管理层承担安全责任

C. 随意制定考核标准

D. 忽略劳务派遣人员的安全责任

2. 【单选】企业全员安全生产责任制应长期公示，下列属于公示内容的是（　　）。

A. 员工个人薪资待遇　　B. 安全生产责任考核标准

C. 公司年度财务报告　　D. 管理层会议记录

考点 5　安全生产费用提取、管理和使用制度【重要】

1. 【单选】安全生产费用提取标准最高的工程类型是（　　）。

A. 铁路工程　　B. 矿山工程

C. 水利水电工程　　D. 市政公用工程

2. 【单选】建设工程施工企业在使用安全生产费用时不得用于支付（　　）。

A. 安全防护设施设备维护支出　　B. 应急救援技术装备配置支出

C. 安全生产责任保险支出　　D. 企业职工薪酬、福利

3. 【多选】下列属于企业应当从安全生产费用中列支的有（　　）。

A. 安全生产检查评估评价的支出

B. 安全生产适用的新技术的推广应用支出

C. 新建项目安全评价支出

D. 安全设施及特种设备检测检验支出

E. 企业从业人员发现报告事故隐患的奖励支出

考点 6 安全生产教育培训制度【重要】

1. 【单选】企业主要负责人和安全生产管理人员每年再培训时间不得少于（　　）。

A. 8 学时　　B. 12 学时
C. 24 学时　　D. 32 学时

2. 【单选】施工项目部级岗前安全培训的内容不包括（　　）。

A. 工作环境及危险因素
B. 所从事工种的安全职责、操作技能及强制性标准
C. 安全设备设施、个人防护用品的使用和维护
D. 企业财务状况和经济效益

考点 7 安全生产许可制度【必会】

1. 【单选】关于安全生产许可证的有效期及延期的说法，正确的是（　　）。

A. 安全生产许可证的有效期为 1 年
B. 企业应当于安全生产许可证有效期满后 1 个月内办理延期手续
C. 安全生产许可证有效期届满时，未发生死亡事故的可以自动延期
D. 安全生产许可证有效期满需要延期的，企业应当于期满前 3 个月申请延期

2. 【单选】建筑施工企业变更名称、地址、法定代表人等信息后，应当在变更后（　　）办理安全生产许可证变更手续。

A. 5 日内　　B. 10 日内
C. 15 日内　　D. 30 日内

考点 8 管理人员及特种作业人员持证上岗制度【必会】

1. 【单选】根据《中华人民共和国特种作业操作证》管理规定，关于特种作业人员年龄条件的说法，正确的是（　　）。

A. 必须年满 18 周岁，无上限年龄要求
B. 必须年满 18 周岁，且不得超过 60 岁
C. 必须年满 16 周岁，且不得超过 60 岁
D. 必须年满 18 周岁，且不超过国家法定退休年龄

2. 【单选】建筑施工特种作业人员不包括（　　）。

A. 建筑电工　　B. 建筑起重信号司索工
C. 施工现场保洁员　　D. 高处作业吊篮安装拆卸工

3. 【多选】关于特种作业人员持证上岗制度的描述，正确的有（　　）。

A. 特种作业人员必须取得特种作业操作证方可上岗作业
B. 特种作业人员的年龄上限取决于所从事特种作业的具体要求
C. 特种作业操作证每 3 年复审 1 次
D. 特种作业人员在操作证有效期内，连续从事本工种 12 年以上无需复审
E. 特种作业操作证复审需要提交安全培训考试合格记录

考点 9　重大危险源管理制度【重要】

【单选】关于施工现场危险源管理的说法，不正确的是（　　）。

A. 危险源监控和管理应遵循动态控制的原则

B. 危险源公示内容应包含防范措施和责任人

C. 危险源及其防范措施可以通过安全技术交底工作实施告知

D. 危险源监控不需做好文字记录，无须建立档案

考点 10　劳动保护用品使用管理制度【重要】

1. 【单选】关于劳动保护用品的发放和管理，说法正确的是（　　）。

A. 劳动保护用品可以以货币形式发放

B. 劳动保护用品由施工作业人员自行购买

C. 企业可收取劳动保护用品的费用

D. 企业应免费发放并更换损坏的劳动保护用品

2. 【单选】企业采购劳动保护用品时，应当查验的内容不包括（　　）。

A. 生产厂家的生产资格

B. 商品的合格证明

C. 商品的价格和性价比

D. 商品的安全使用标识

考点 11　安全生产检查制度【必会】

1. 【单选】下列属于施工企业安全生产检查内容的是（　　）。

A. 安全管理目标的实现程度

B. 生产资料的采购情况

C. 财务报告的准确性

D. 设备的外观设计

2. 【多选】施工企业安全生产检查管理的要求包括（　　）。

A. 安全检查的内容、形式、类型、标准、方法、频次

B. 对存在问题和隐患的整改和跟踪复查

C. 安全检查中发现的问题的分类记录和定期统计

D. 安全生产法律法规、标准规范的推广和培训

E. 建立并保存安全生产检查资料和记录

考点 12　安全生产会议制度【重要】

1. 【多选】关于安全生产会议制度的管理的描述，正确的有（　　）。

A. 每次会议要严格按照分工和层次进行组织

B. 会议签到和会议记录可作为安全管理的考核指标

C. 项目经理及其他项目管理人员应只参加月度和周例会

D. 项目专职安全生产管理员应定期抽查班组班前安全活动记录

E. 重要的会议纪要应上报公司备案

2. 【多选】在下列安全生产会议中，属于不定期安全生产会议的有（　　）。

A. 月度安全生产例会

B. 安全生产技术交底会

C. 安全生产专题会

D. 安全生产事故分析会

E. 周安全生产例会

考点 13　施工设施、设备和劳动防护用品安全管理制度【重要】

【单选】根据施工企业安全管理制度，下列关于施工设施、设备和劳动防护用品的说法，正确的是（　　）。

A. 施工企业无需定期分析施工设施、设备和劳动防护用品的安全状态

B. 施工企业可以随意选择安全防护设施

C. 施工企业可以随意配备专职人员进行设备管理

D. 施工企业可以优先选用标准化、定型化、工具化的安全防护设施

考点 14　安全生产考核和奖惩制度【重要】

【多选】施工企业在实施安全生产考核时，应包括（　　）。

A. 安全目标实现程度　　B. 安全职责履行情况

C. 安全技术交底执行情况　　D. 安全行为

E. 安全业绩

第三节　专项施工方案及施工安全技术管理

知识脉络

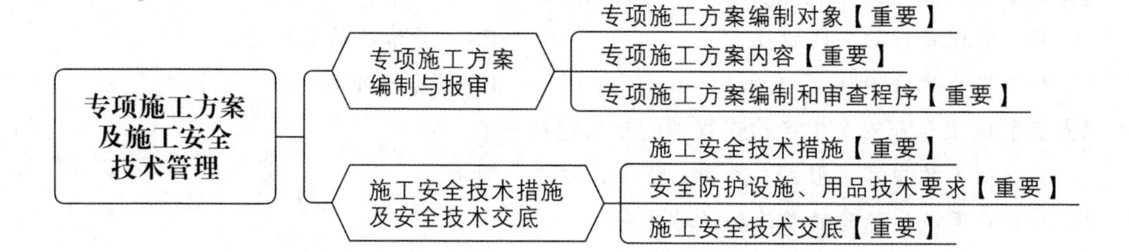

必刷　第六章

考点 1　专项施工方案编制对象【重要】

1. 【单选】根据《建设工程安全生产管理条例》，下列不需要编制专项施工方案的是（　　）。

A. 模板工程　　B. 土方开挖工程

C. 基坑支护与降水工程　　D. 砌体工程

2. 【单选】关于专项施工方案编制与报审的说法，不正确的是（　　）。

A. 专项施工方案需附具安全验算结果

B. 专职安全生产管理人员无需对专项施工方案进行现场监督

C. 经施工单位技术负责人、总监理工程师签字后即可实施专项施工方案

D. 涉及深基坑工程的专项施工方案需组织专家进行论证、审查

考点 2　专项施工方案内容【重要】

1. 【单选】在编制专项施工方案时，不属于编制专项施工方案的依据的是（　　）。

A. 相关法律　　B. 施工图设计文件

C. 工程量清单　　D. 施工组织设计

2. **【多选】**专项施工方案的主要内容应包括（　　）。

A. 工程概况　　B. 编制依据

C. 施工顺序　　D. 施工工艺技术

E. 应急处置措施

考点 3　专项施工方案编制和审查程序【重要】

【单选】超过一定规模的危险性较大的分部分项工程专项施工方案论证不通过后，施工单位应（　　）。

A. 立即停工　　B. 继续按原方案施工

C. 对方案进行修改后重新论证　　D. 直接提交给监理工程师审批

考点 4　施工安全技术措施【重要】

1. **【单选】**在进行临边作业时，若距坠落高度基准面达到 2m 及以上，应采取的措施是（　　）。

A. 在作业侧设置 1.5m 高的防护栏杆

B. 在临空一侧设置防护栏杆，并采用密目式安全立网封闭

C. 仅需在临空一侧设置警示标志即可

D. 设置挡脚板，无需其他安全措施

2. **【单选】**攀登作业时使用单梯，梯面应与水平面成（　　）夹角。

A. 60°　　B. 65°　　C. 70°　　D. 75°

3. **【多选】**施工现场防止物体打击伤人的技术措施有（　　）。

A. 脚手架外侧设置密目式安全网

B. 材料、构件、料具堆放整齐，防止倒塌

C. 禁止在吊臂下穿行和停留

D. 高处作业人员不需佩带工具袋

E. 圆盘锯上设置分割刀和防护罩

考点 5　安全防护设施、用品技术要求【重要】

1. **【单选】**在进行临边作业时，如果防护栏杆高度大于 1.2m，配置横杆的说法正确的是（　　）。

A. 只需增加一道横杆，使其总数达到三道

B. 增加足够数量的横杆，以保证横杆间距不超过 600mm

C. 不需要增加横杆，只需确保挡脚板高度符合标准

D. 减少一道横杆，以保持视线的通畅

2. **【单选】**关于安全防护棚的要求，说法不正确的是（　　）。

A. 安全防护棚应采用双层保护方式

B. 当采用脚手片时，层间距应为 500mm

C. 防护棚的支撑体系应固定可靠安全

D. 严禁用毛竹搭设防护棚

3. **【单选】**安全带冲击作用力峰值的要求是（　　）。

A. 不得小于 6kN　　B. 应小于或等于 6kN

C. 应小于 5kN　　　　D. 大于 6kN

4.【多选】根据《安全帽测试方法》(GB/T 2812—2006) 的规定，关于安全帽性能要求的说法，正确的有（　　）。

A. 冲击吸收性能，传递到头模的力不应大于 4900N

B. 耐穿刺性能，钢锥不得接触头模表面

C. 侧向刚性，最大变形不应大于 50mm

D. 阻燃性能，续燃时间不应超过 5s

E. 防静电性能，表面电阻应为 $1\times10^{5}\sim1\times10^{10}\Omega$

考点 6　施工安全技术交底【重要】

1.【单选】关于施工安全技术交底的做法，正确的是（　　）。

A. 由班组长直接向作业人员进行交底

B. 只有项目技术负责人需要做交底工作

C. 施工前不需要签字确认，口头说明即可

D. 分包单位技术负责人按照相同程序进行交底

2.【多选】在施工安全技术交底中，应向作业人员详细交底的内容包括（　　）。

A. 工程项目和分部分项工程概况　　　　B. 针对危险点的具体预防措施

C. 安全操作规程　　　　D. 施工项目的施工作业特点和危险点

E. 项目成本控制

第四节　施工安全事故应急预案和调查处理

知识脉络

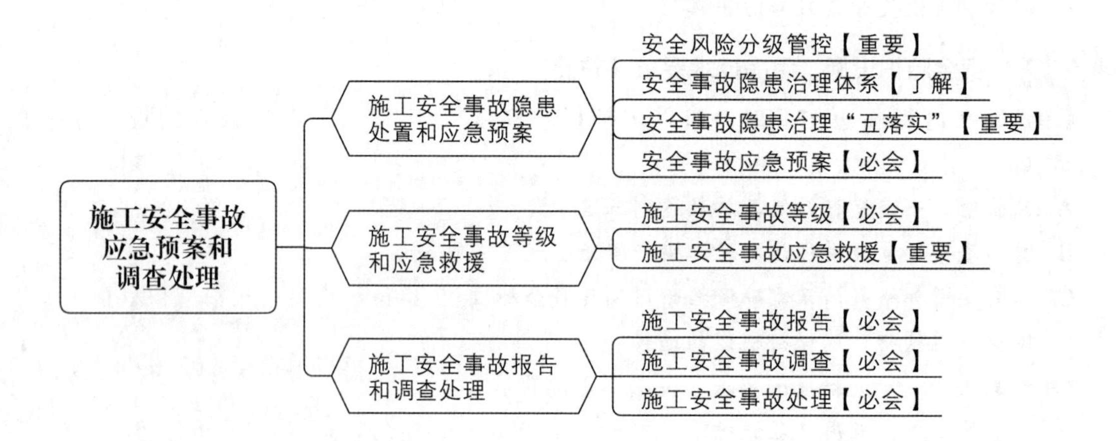

考点 1　安全风险分级管控【重要】

1.【单选】根据《企业职工伤亡事故分类》(GB 6441—1986)，施工企业安全风险等级从高到低划分为（　　）种，并通过（　　）颜色进行标示。

A. 三，红、橙、黄　　　　B. 四，红、橙、黄、绿

C. 四，红、橙、黄、蓝　　D. 五，红、橙、黄、蓝、绿

2.【单选】施工企业在安全风险分级管控中，对安全风险采取的有效管控措施不包括（　　）。

A. 实施个体防护　　B. 设置监控设施

C. 隔离危险源　　D. 减少员工培训频次

3.【多选】施工企业为了提高安全生产水平，应构建安全风险分级管控和隐患排查治理双重预防机制。下列属于安全风险分级管控中的组织方面的措施有（　　）。

A. 成立安全管理组织机构　　B. 落实全员安全生产责任

C. 开展安全技术交底　　D. 对安全生产过程进行监控和安全检查

E. 编制专项施工方案

考点 2　安全事故隐患治理体系【了解】

【多选】重大事故隐患报告内容包括（　　）。

A. 隐患的现状及其产生原因　　B. 隐患的危害程度

C. 隐患的整改难易程度分析　　D. 隐患的治理方案

E. 隐患的治理的时限和要求

考点 3　安全事故隐患治理“五落实”【重要】

1.【单选】在安全事故隐患治理的“五落实”原则中，要求企业制定隐患排查治理预案，下列不属于预案应明确的内容的是（　　）。

A. 隐患排查的事项和内容　　B. 隐患排查的频次

C. 隐患排查治理的经费来源　　D. 隐患排查治理清单

2.【多选】关于安全事故隐患排查治理“五落实”的说法，正确的是（　　）。

A. 落实隐患排查治理责任，明确排查人和整改人

B. 制定科学合理的隐患治理方案，减少对生产的影响

C. 确保隐患排查治理资金充足，列入企业安全费用计划

D. 落实隐患排查治理时限，确保治理工作按时完成

E. 隐患排查治理预案仅需要包含排查的事项、内容和频次

考点 4　安全事故应急预案【必会】

1.【单选】施工生产安全事故应急预案体系由（　　）组成。

A. 综合应急预案、单项应急预案、重点应急预案

B. 企业应急预案、项目应急预案、人员应急预案

C. 综合应急预案、专项应急预案、现场处置方案

D. 企业应急预案、职能部门应急预案、项目应急预案

2.【单选】关于企业应急预案的分类，说法正确的是（　　）。

A. 综合应急预案、专项应急预案和现场处置方案的内容均不包含事故风险描述

B. 专项应急预案与综合应急预案中的应急组织机构、应急响应程序相近时，必须编写专项应急预案

C. 现场处置方案是针对具体场所、装置或者设施所制定的应急处置措施

D. 综合应急预案是为应对非生产安全事故而制定的综合性工作方案

3.【单选】关于应急预案评审、论证的说法，正确的是（　　）。

A. 评审人员与所评审应急预案的企业有利害关系时，可参与评审

B. 应急预案论证只能通过实地考察的方式开展

C. 评审内容包括应急预案体系设计的针对性和应急响应程序的科学性

D. 评审形式只包括内部评审，不需外部专家参与

考点 5　施工安全事故等级【必会】

1.【单选】根据《生产安全事故报告和调查处理条例》，下列安全事故中，属于重大事故的是（　　）。

A. 3 人死亡，10 人重伤，直接经济损失 2000 万元

B. 36 人死亡，50 人重伤，直接经济损失 6000 万元

C. 2 人死亡，100 人重伤，直接经济损失 1.2 亿元

D. 12 人死亡，直接经济损失 960 万元

2.【单选】根据《生产安全事故报告和调查处理条例》，致使 120 名操作工人急性工业中毒的安全事故属于（　　）。

A. 特别重大事故　　B. 重大事故

C. 较大事故　　D. 一般事故

3.【单选】某桥梁工程施工过程中，由于操作平台倒塌导致 9 人死亡，6 人重伤，直接经济损失 2000 万元。根据安全事故造成的后果，该事故属于（　　）。

A. 一般事故　　B. 重大事故

C. 较大事故　　D. 特别重大事故

4.【单选】根据《生产安全事故报告和调查处理条例》，某工程因提前拆模导致垮塌，造成 74 人死亡，2 人受伤的事故，该事故属于（　　）。

A. 重大事故　　B. 较大事故

C. 一般事故　　D. 特别重大事故

考点 6　施工安全事故应急救援【重要】

【多选】关于施工现场生产安全事故应急救援的基本任务，说法正确的有（　　）。

A. 组织撤离危害区域内的其他人员

B. 控制事态，防止事故继续扩展

C. 事后不必进行事故原因调查

D. 消除危害后果，做好现场恢复

E. 查清事故原因，评估危害程度

考点 7　施工安全事故报告【必会】

1.【单选】实行施工总承包的建设工程，某分包工程发生生产安全事故，应由（　　）负责上报事故。

A. 分包单位　　B. 总承包单位

C. 建设单位　　D. 监理单位

2.【单选】某施工现场发生安全事故，施工单位负责人应在接到报告后（　　）h 内向事故发

生地有关部门报告。

A. 1　　B. 5

C. 12　　D. 24

3. 【单选】根据施工安全事故报告规定，道路交通事故、火灾事故自发生之日起（　　）日内，事故造成的伤亡人数发生变化的，应当及时补报。

A. 7　　B. 10

C. 15　　D. 30

4. 【单选】关于施工生产安全事故报告的要求，正确的是（　　）。

A. 生产安全事故发生后，监理人接到报告后，应在 2 小时内向事故发生地县级以上人民政府建设主管部门和有关部门报告

B. 情况紧急时，事故现场有关人员可以直接向事故发生地市级以上人民政府建设主管部门和有关部门报告

C. 较大事故上报至设区的市级人民政府应急管理部门和负有安全生产监督管理职责的有关部门

D. 实行施工总承包的建设工程，由总承包单位负责上报事故

考点 8　施工安全事故调查【必会】

1. 【单选】事故发生后应在规定时间内提交事故调查报告。在特殊情况下，提交事故调查报告的期限可以延长，但延长期限最长不超过（　　）天。

A. 30　　B. 60

C. 90　　D. 120

2. 【单选】某工地发生了施工安全事故，事故调查组负责查明事故原因，并提出处理建议，但事故调查组不负责（　　）。

A. 提交事故调查报告

B. 认定事故的性质和事故责任

C. 对事故责任者给予处罚

D. 查明人员伤亡情况及直接经济损失

3. 【多选】根据《生产安全事故报告和调查处理条例》，事故调查报告的内容有（　　）。

A. 事故发生单位概况　　B. 事故发生经过和事故救援情况

C. 事故责任人员的处理决定　　D. 事故发生的原因和事故性质

E. 事故造成的人员伤亡和直接经济损失

考点 9　施工安全事故处理【必会】

1. 【单选】根据施工安全事故处理规定，关于事故调查报告批复的时间，描述正确的是（　　）。

A. 特别重大事故在收到事故调查报告后 15 日内做出批复

B. 重大事故在收到事故调查报告后 20 日内做出批复

C. 特别重大事故在收到事故调查报告后 30 日内做出批复，但在特殊情况下可以适当延长

D. 一般事故在收到事故调查报告后 30 日内做出批复

2. 【单选】在特殊情况下，对于特别重大事故，人民政府批复事故调查报告的时间最长可以延长至（　　）。

A. 45 日　　B. 60 日

C. 30 日　　D. 15 日

3. 【单选】关于施工安全事故处理的描述，不正确的是（　　）。

A. 事故处理的情况由负责事故调查的人民政府或其授权的有关部门、机构向社会公布

B. 所有事故处理情况都应该向社会公布

C. 依法应当保密的事故处理情况不予公布

D. 对事故发生单位和有关人员的行政处罚由有关机关依法进行

PART 7

第七章 绿色施工及环境管理

学习计划：

扫码做题
熟能生巧

为有源头活水来
问渠那得清如许

第一节　绿色施工管理

知识脉络

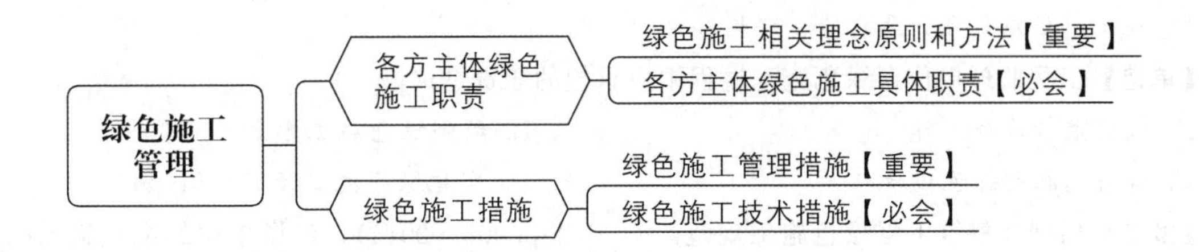

考点 1　绿色施工相关理念原则和方法【重要】

1. **【单选】**下列属于循环经济“3R”原则的是（　　）。

   A. 减量化、再利用、再循环

   B. 再生产、再利用、资源节约

   C. 资源再利用、污染减排、清洁生产

   D. 节能降耗、废物利用、可持续发展

2. **【单选】**绿色施工中，清洁生产的主要内容可以归纳为“三清一控”，下列不属于“三清一控”的是（　　）。

   A. 清洁的原料与能源　　B. 清洁的生产过程

   C. 清洁的产品　　D. 资源的再生与再利用

3. **【多选】**下列属于推进绿色施工及环境管理的方法有（　　）。

   A. 使用节能灯具和机械设备

   B. 大量排放建筑垃圾

   C. 进行施工现场的扬尘控制

   D. 优化施工总平面布置，以节省土地资源

   E. 增加化工原料，以提高施工效率

4. **【多选】**绿色施工的“四节一环保”具体内容包括（　　）。

   A. 节材与材料资源利用　　B. 节水与水资源利用

   C. 节能与能源利用　　D. 节地与施工用地保护

   E. 与施工活动无关的环境保护

考点 2　各方主体绿色施工具体职责【必会】

1. **【单选】**根据《建筑工程绿色施工规范》(GB/T 50905—2014)，下列属于设计单位在实施绿色施工时应承担的职责的是（　　）。

   A. 审查绿色施工组织设计、绿色施工方案或绿色施工专项方案

   B. 对实行总承包管理的建设工程的绿色施工负总责

第七章 必刷

C. 协助、支持、配合施工单位做好建设工程绿色施工的有关设计工作

D. 对建设工程绿色施工承担监理责任

2. 【单选】关于施工单位的绿色施工职责，说法错误的是（　　）。

A. 施工单位是建设工程绿色施工的实施主体

B. 总承包单位应对绿色施工负总责

C. 施工单位无需对专业承包单位的绿色施工实施管理

D. 施工单位应定期开展自检、联检和评价工作

3. 【单选】工程监理单位在绿色施工过程中应承担的职责是（　　）。

A. 做好监督检查工作

B. 编制绿色施工方案

C. 进行工程的绿色设计

D. 实施绿色施工教育培训

4. 【多选】根据《建筑工程绿色施工规范》（GB/T 50905—2014），建设单位的绿色施工职责包括（　　）。

A. 在编制工程概算和招标文件时，明确绿色施工要求

B. 建立建设工程绿色施工的协调机制

C. 提供场地、环境、工期等方面的条件保障

D. 编制绿色施工方案

E. 提供绿色施工的设计文件及产品要求资料

考点 3　绿色施工管理措施【重要】

1. 【单选】绿色施工组织设计和绿色施工方案应包含的内容是（　　）。

A. 仅包含节材措施和节水措施

B. 包含改善作业条件、降低劳动强度、节约人力资源等内容

C. 仅包含环境保护措施和节能措施

D. 不包含有关于设备材料管理的措施

2. 【单选】关于绿色施工管理措施中排放和减量化管理的说法，不正确的是（　　）。

A. 规范施工污染排放和资源消耗管理

B. 制定建筑垃圾减量化计划，如每万平方米住宅建筑的建筑垃圾不超过400t

C. 编制建筑垃圾处理方案，采取污染防治措施

D. 忽视规范进行施工活动，放任建筑垃圾随意堆放

考点 4　绿色施工技术措施【必会】

1. 【单选】《建筑施工场界环境噪声排放标准》（GB 12523—2011）规定，昼间场界环境噪声排放限值为70dB（A），夜间场界环境噪声排放限值为55dB（A），夜间噪声最大声级超过限值的幅度不得高于（　　）dB（A）。

A. 5

B. 10

C. 15

D. 20

2. 【单选】关于绿色施工环境管理的说法，错误的是（　　）。

A. 施工现场宜搭设密封式垃圾站

B. 噪声测量应根据施工场地周围噪声敏感建筑物位置和声源位置的布局，将测点设在建筑

施工场界外 1m 、高度 1.5m 以上的位置

C. 施工现场存放的油料和化学溶剂等物品应设专门库房，地面应做防渗漏处理

D. 在光线作用敏感区域施工时，电焊作业和大型照明灯具应采取防光外泄措施

3. 【单选】根据现行绿色施工评价标准，施工现场 500km 以内生产的建筑材料用量占建筑材料总重量的比例应不低于（　　）。

A. 50%　　B. 60%

C. 70%　　D. 80%

第二节　施工现场环境管理

知识脉络

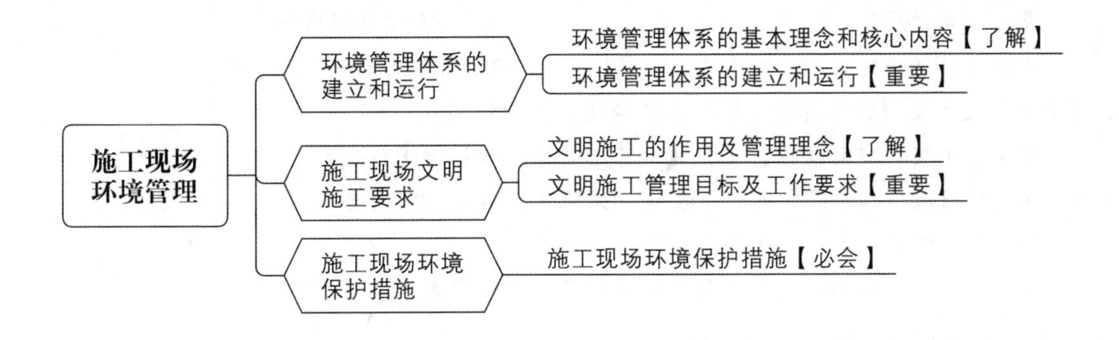

考点 1　环境管理体系的基本理念和核心内容【了解】

【单选】根据《环境管理体系　要求及使用指南》（GB/T 24001—2016），下列关于组织所处环境的说法，正确的是（　　）。

A. 仅包括外部的文化、社会、政治、法律等问题

B. 仅包括组织内部的特征或条件

C. 忽略组织内外的环境状况，只关注组织的宗旨相关问题

D. 包括组织外部的环境状况和内部的特征或条件

考点 2　环境管理体系的建立和运行【重要】

1. 【单选】关于初始环境评审的说法，正确的是（　　）。

A. 仅关注企业内部问题，如企业活动、产品和服务性质

B. 首先应确定企业外部问题，忽略内部问题

C. 不需要确定相关方要求，只需关注企业自身问题

D. 包括确定企业环境和确定相关方要求

2. 【单选】在环境管理体系文件编制中，不属于《环境管理体系　要求及使用指南》（GB/T 24001—2016）要求保留的文件化信息的是（　　）。

A. 合规性评价结果　　B. 管理评审结果

C. 员工个人的环境保护意识调查报告　　D. 内部审核方案实施和审核结果

3. 【单选】在建立环境管理体系的过程中，最高管理者应确保（　　）。

A. 各级管理人员了解环境管理标准、理解要点

B. 工作班子成员掌握初始环境评审基本要求

C. 环境方针的建立，并与建筑企业的战略方向及所处的环境相一致

D. 普通员工侧重理解环保知识、环境管理体系标准知识

考点 3　文明施工的作用及管理理念【了解】

【单选】文明施工的“8S”管理理念不包括（　　）。

A. 整顿（Seiton）　　B. 清洁（Seiketsu）

C. 协同（Synergy）　　D. 节约（Save）

考点 4　文明施工管理目标及工作要求【重要】

1. 【单选】下列描述中，不属于文明施工管理目标的“六化”内容是（　　）。

A. 现场管理制度化　　B. 安全设施标准化

C. 施工材料环保化　　D. 作业行为规范化

2. 【单选】关于文明施工管理工作要求的说法，错误的是（　　）。

A. 对设备类型、安全设施、安全警示标志等样式和标准进行规范

B. 避免现场道路二次重复开挖，实现“先地下，后地上”的施工顺序

C. 忽视对环境的保护，优先考虑施工效率

D. 综合采用信息技术，围绕人员、机械设备、材料等要素开展管理

考点 5　施工现场环境保护措施【必会】

1. 【单选】根据《建筑工程绿色施工评价标准》（GB/T 50640—2010），下列不属于施工现场环境保护“控制项”的是（　　）。

A. 施工现场应在醒目位置设环境保护标识

B. 施工现场不得焚烧废弃物

C. 现场使用散装水泥、预拌砂浆应有密闭防尘措施

D. 对施工现场的古迹、文物等采取有效保护措施

2. 【单选】关于施工现场扬尘控制措施的说法，正确的是（　　）。

A. 裸露地面应采取抑尘措施

B. 现场使用的所有机械设备都应设置吸声降噪屏

C. 弃土场不需要采取任何措施

D. 散装水泥、预拌砂浆不必有防尘措施

3. 【多选】根据《建筑工程绿色施工评价标准》（GB/T 50640—2010），下列属于施工现场噪声控制措施的有（　　）。

A. 针对现场噪声源，采取隔声、吸声、消音等措施

B. 应采用高噪声水平设备施工

C. 噪声较大的机械设备应远离周边敏感区

D. 施工作业面应设置降噪设施

E. 材料装卸应轻拿轻放，控制材料撞击噪声

4.【多选】根据《建筑工程绿色施工评价标准》（GB/T 50640—2010），关于施工现场污水排放的说法，正确的有（　　）。

A. 工程污水和试验室养护用水应经处理合格后，排入市政污水管道

B. 现场厕所无须设置化粪池

C. 工地生活污水、预制场和搅拌站等施工污水应达标排放和利用

D. 钻孔桩作业可随意排放泥浆

E. 工地厨房应设置隔油池，定期清理

5.【单选】根据《建筑工程绿色施工评价标准》（GB/T 50640—2010），下列不属于施工现场环境保护的“优选项”的是（　　）。

A. 现场宜采用自动喷雾（淋）降尘系统

B. 现场宜设置扬尘自动监测仪

C. 施工现场宜设置长期固定厕所

D. 宜采用装配式方法施工

PART 8

第八章 施工文件归档管理及项目管理新发展

学习计划：

扫码做题
熟能生巧

任尔东西南北风
千磨万击还坚劲

第一节 施工文件归档管理

知识脉络

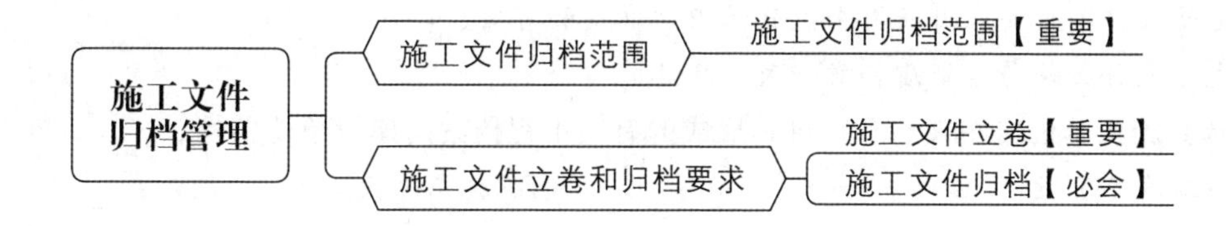

考点1 施工文件归档范围【重要】

【多选】根据《建设工程文件归档规范》(GB/T 50328—2014)(2019年版),施工单位必须归档保存的质量控制文件有( )。

A. 工程开工报审表

B. 质量事故报告及处理资料

C. 见证取样和送检人员备案表

D. 见证记录

E. 工程概况表

考点2 施工文件立卷【重要】

1. 【单选】根据《建设工程文件归档规范》(GB/T 50328—2014)(2019年版),关于施工文件立卷的说法,错误的是( )。

   A. 将施工准备、施工过程和竣工验收三个阶段的文件混合在一个案卷内

   B. 按工程专业特点,将具有有机联系的文件放置于同一案卷内

   C. 专业分包施工的分部、子分部工程分别单独立卷

   D. 竣工图按单位工程分专业进行立卷

2. 【单选】施工文件立卷时,对电子文件的处理,正确的是( )。

   A. 电子文件不需要立卷

   B. 与纸质文件在案卷设置上应不一致

   C. 每个工程(项目)应建立多级文件夹,并与纸质文件在案卷设置上一致

   D. 电子文件与纸质文件无需建立相应的标识关系

考点3 施工文件归档【必会】

1. 【单选】根据施工文件归档的质量要求,不得使用的书写材料是( )。

   A. 碳素墨水　　B. 蓝黑墨水

   C. 激光打印机　　D. 圆珠笔

2. 【单选】关于竣工图章加盖的要求,说法错误的是( )。

   A. 所有竣工图均应加盖竣工图章

B. 竣工图章尺寸为 50mm×80mm

C. 竣工图章应盖在图例栏上方空白处

D. 竣工图章应当使用水性墨印泥

3. **【单选】**关于归档的电子文件，说法不正确的是（　　）。

A. 应采用开放式文件格式或通用格式进行存储

B. 非通用格式的电子文件应转换成通用格式

C. 电子文件不需要采用任何手段确保内容真实和可靠

D. 电子文件必须与其纸质档案一致

4. **【单选】**施工单位应在（　　）将其形成的有关工程档案向建设单位归档。

A. 施工准备阶段　　B. 施工阶段

C. 工程竣工验收前　　D. 工程保修期内

5. **【多选】**工程档案一般不少于两套，分别由（　　）保管。

A. 设计单位　　B. 建设单位

C. 施工单位　　D. 当地城建档案馆（室）

E. 建设主管部门

第二节　项目管理新发展

知识脉络

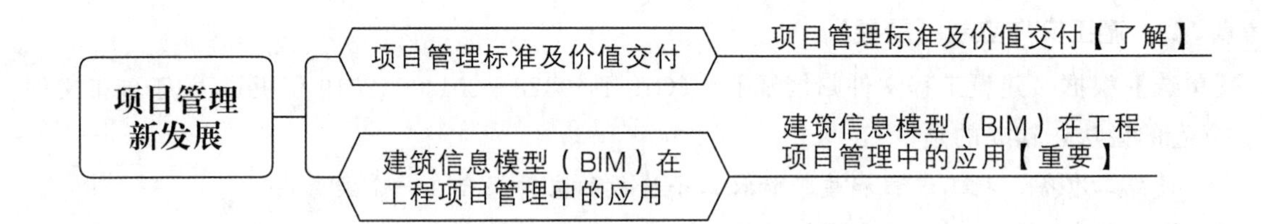

考点 1　项目管理标准及价值交付【了解】

【单选】项目管理不仅是指单一项目管理，还包括多项目管理。多项目管理又可分为项目群管理和项目组合管理。（　　）是指组织为实现战略目标、获得收益而以一种综合协调方式对一组相关项目进行的管理。

A. 多项目管理　　B. 项目组合管理

C. 工程总承包管理　　D. 项目群管理

考点 2　建筑信息模型（BIM）在工程项目管理中的应用【重要】

1. **【单选】**在制定施工 BIM 技术应用策划时，下列不属于策划内容的是（　　）。

A. BIM 技术应用目标

B. 人员组织架构和相应职责

C. 工程项目资金来源及使用计划

D. 模型质量控制和信息安全要求

2. **【单选】** 关于 BIM 技术在工程项目管理中的应用，说法错误的是（　　）。

A. BIM 技术可应用于项目的设计、施工、运营等各个阶段

B. BIM 技术在施工阶段应用可以不覆盖竣工验收环节

C. BIM 技术的广泛应用推动了建筑业数字化发展

D. BIM 应用范围需根据工程项目相关方的 BIM 应用水平综合确定

3. **【单选】** 在施工模型的建立过程中，不属于扩展信息的表现形式的是（　　）。

A. 文档　　B. 图形

C. 音频　　D. 视频

4. **【多选】** 施工模型的元素信息宜包括（　　）。

A. 尺寸、定位、空间拓扑关系　　B. 施工工艺与操作方法

C. 名称、规格型号、材料　　D. 生产厂商、功能与性能技术参数

E. 施工模型的外观颜色

参考答案与解析

第一章　施工组织与目标控制

第一节　工程项目投资管理与实施

考点 1　项目资本金制度

1.【答案】D

【解析】选项D错误，投资者可按项目资本金的出资比例依法享有所有者权益，也可转让其出资，但不得以任何方式抽回。

2.【答案】D

【解析】根据《国务院关于固定资产投资项目试行资本金制度的通知》（国发〔1996〕35号）规定，各种经营性固定资产投资项目，包括国有单位的基本建设、技术改造、房地产开发项目和集体投资项目，试行资本金制度，投资项目必须首先落实资本金才能进行建设。个体和私营企业的经营性投资项目参照该通知的规定执行。公益性投资项目不实行资本金制度。外商投资项目（包括外商投资、中外合资、中外合作经营项目）按现行有关法规执行。

3.【答案】ABCD

【解析】项目资本金可以用货币出资，也可以用实物、工业产权、非专利技术、土地使用权作价出资。

4.【答案】C

【解析】除国家对采用高新技术成果有特别规定外，以工业产权、非专利技术作价出资的比例不得超过投资项目资本金总额的20%。

5.【答案】A

【解析】选项B、C、D的投资项目最低资本金比例要求为20%。

6.【答案】D

【解析】城市轨道交通项目资本金占项目总投资比例为20%，普通商品住房、保障性住房项目资本金占项目总投资比例为20%，机场项目资本金占项目总投资比例为25%，故机场项目资本金占项目总投资比例最大。

考点 2　项目投资审批、核准或备案管理

1.【答案】A

【解析】对于采用投资补助、转贷和贷款贴息方式的政府投资项目，政府主管部门只审批资金申请报告。

2.【答案】C

【解析】企业办理投资项目核准手续时，仅需向核准机关提交项目申请书，不再经过批准项目建议书、可行性研究报告和开工报告等程序。

3.【答案】C

【解析】对《政府核准的投资项目目录》外的企业投资项目，实行备案管理。

4.【答案】A

【解析】对于采用直接投资和资本金注入方式的政府投资项目，政府需要从投资决策的角度审批项目建议书和可行性研究报告，除特殊情况外不再审批开工报告，同时还要严格审批其初步设计和概算；对于采用投资补助、转贷和贷款贴息方式的政府投资项目，则只审批资金申请报告。

考点 3　工程建设实施程序

1.【答案】AE

【解析】选项B错误，建设工程全寿命期包含投资决策、建设实施和运营维护阶段。

选项C错误，建设实施阶段包含勘察设计、建设准备、工程施工、竣工验收。

选项D错误，勘察设计是建设实施阶段的首要环节。

2.【答案】B

【解析】工程设计一般分为初步设计和施工图设计两个阶段，对于重大工程和技术复杂的工程，可根据需要在初步设计之后增加技术设计阶段。

3.【答案】A

【解析】工程勘察设计是工程建设实施阶段的首要环节，在工程建设中发挥着龙头作用。选项B、C、D为工程建设实施程序中的后续步骤。

4.【答案】ABD

【解析】选项C属于生产准备的内容；选项E属于勘察设计阶段的内容。

5.【答案】ACE

【解析】工程开工时间是指该工程设计文件中规定的任何一项永久性工程第一次正式破土开槽开始施工的时间。不需开槽的工程，正式开始打桩的时间就是开工时间。铁路、公路、水库等需要进行大量土石方工程的，以正式开始进行土方、石方工程的时间作为正式开工时间。

6.【答案】C

【解析】竣工验收是投资成果转入生产或使用的标志，也是全面考核工程建设成果、检验设计和工程质量的重要步骤。

考点 4 施工总承包模式

1.【答案】D

【解析】选项A错误，一般情况下，由业主与分包单位签订分包合同；特殊情况下，业主授权施工总承包管理单位后，施工总承包管理单位与分包单位签订分包合同。

选项B错误，施工总承包管理单位负责施工任务的总体管理和组织协调，也可以通过竞标承揽部分工程施工任务。

选项C错误，施工总承包管理模式和施工总承包模式属于两种承包模式，不会同时出现。

2.【答案】A

【解析】国际上的工程总承包管理模式，即业主将工程设计和施工任务发包给专门从事工程设计和施工组织管理的工程管理公司。这类工程管理公司自己既没有设计力量，也没有施工队伍，而是将其所承接的工程设计和施工任务全部分包给其他设计单位和施工单位，工程管理公司则专心致力于工程项目管理工作。

3.【答案】A

【解析】施工总承包管理模式中，分包单位由业主通过招标选择，并由业主与分包单位直接签订合同，招标及合同管理工作量大，选项A错误。

4.【答案】A

【解析】采用施工总承包模式，投标人通常以施工图设计为基础进行投标报价，在工程开工前即有较为明确的合同价。对于采用总价合同承包的工程，有利于建设单位对工程总造价的早期控制。

5.【答案】B

【解析】对于有施工能力的施工总承包管理单位，也可通过投标竞争承揽部分工程施工任务。

考点 5 平行承包模式

1.【答案】B

【解析】平行承包是指建设单位将工程项目划分为若干标段，分别发包给多家施工单位承包。

2.【答案】ABC

【解析】选项D属于施工总承包模式的特点。

选项E错误，在平行承包模式下，发包方亲自签订每一份合同，合同签的越多，风险越大。

3.【答案】A

【解析】选项A正确，平行承包模式下，控

制造价的难度较大。

选项B错误，采用平行承包模式，有利于控制工程质量。

选项C错误，采用平行承包模式，组织管理和协调工作量大。

选项D错误，虽然平行承包模式有利于缩短建设工期，但不属于相比施工总承包模式的不利因素。

考点 6 联合体承包模式

【答案】 C

【解析】 联合体承包模式有以下特点：

(1) 建设单位合同结构简单，组织协调工作量小，而且有利于工程造价和工期控制。

(2) 可以集中联合体各成员单位在资金、技术和管理等方面优势，克服一家单位力不能及的困难，不仅有利于增强竞争能力，同时有利于增强抗风险能力。

选项C错误，联合体各成员单位共同与建设单位签订施工合同。

考点 7 合作体承包模式

1. **【答案】** C

【解析】 选项A错误，合作体内成员单位不承担其他成员单位的经济责任。

选项B错误，虽然倒闭破产的施工单位无法继续履行合同，但风险已转移到建设单位。

选项C正确，建设单位将承担合作体内某一家施工单位倒闭破产的相应风险。

选项D错误，施工总承包单位在合作体承包模式中并没有提及，且与合作体承包模式的风险承担原则不符。

2. **【答案】** B

【解析】 选项A错误，施工承包意向合同是与合作体签订，而非单独的某一施工单位。

选项B正确，建设单位与合作体签订施工承包意向合同。

选项C错误，所有施工单位与建设单位分别签订施工合同，但施工承包意向合同是与合作体签订。

选项D错误，施工总承包单位在合作体承包模式中未被提及为签订基本合同的主体。

考点 8 强制实行监理的工程范围

1. **【答案】** AC

【解析】 选项B错误，高层住宅及地基、结构复杂的多层住宅应当实行监理。

选项D错误，总投资额在3000万元以上的水利建设项目必须实行监理。

选项E错误，利用外国政府或者国际组织贷款、援助资金的工程必须实行监理。

2. **【答案】** C

【解析】《建设工程质量管理条例》规定，下列建设工程必须实行监理：

(1) 国家重点建设工程。

(2) 大中型公用事业工程。

(3) 成片开发建设的住宅小区工程。

(4) 利用外国政府或者国际组织贷款、援助资金的工程。

(5) 国家规定必须实行监理的其他工程。

3. **【答案】** A

【解析】 学校、影剧院、体育场馆项目属于国家规定必须实行监理的其他工程，与规模大小无关。

考点 9 项目监理机构人员职责

1. **【答案】** A

【解析】 监理员应履行下列职责：

(1) 检查施工单位投入工程的人力、主要设备的使用及运行状况。

(2) 进行见证取样。

(3) 复核工程计量有关数据。

(4) 检查工序施工结果。

(5) 发现施工作业中的问题，及时指出并向专业监理工程师报告。

2. **【答案】** BCE

【解析】 选项A错误，总监理工程师审批监理实施细则，专业监理工程师负责编制。

选项D错误，总监理工程师组织编写监理月报，专业监理工程师组织编写监理日志。

3. 【答案】AC

【解析】选项B错误，专业监理工程师组织编写监理日志。

选项D错误，复核工程计量有关数据属于监理员的职责。

选项E错误，专业监理工程师验收分项工程、隐蔽工程、检验批。

4. 【答案】BD

【解析】总监理工程师代表是经监理单位法定代表人同意，在总监理工程师书面授权后，代表总监理工程师行使其部分职责和权力的人员。但下列工作不得委托给总监理工程师代表：

(1) 组织编制监理规划，审批监理实施细则。

(2) 根据工程进展及监理工作情况调配监理人员。

(3) 组织审查施工组织设计、(专项) 施工方案。

(4) 签发工程开工令、暂停令和复工令。

(5) 签发工程款支付证书，组织审核竣工结算。

(6) 调解建设单位与施工单位的合同争议，处理工程索赔。

(7) 审查施工单位的竣工申请，组织工程竣工预验收，组织编写工程质量评估报告，参与工程竣工验收。

(8) 参与或配合工程质量安全事故的调查和处理。

考点10 施工单位与项目监理机构相关的工作

1. 【答案】C

【解析】图纸会审和设计交底会议的主持单位是建设单位。

2. 【答案】B

【解析】建设单位在工程开工报审表中签署同意开工的意见后，项目监理机构才能发出工程开工令。

3. 【答案】ABCE

【解析】项目监理机构对施工组织设计的审查包括以下基本内容：

(1) 编审程序是否符合相关规定。

(2) 施工进度、施工方案及工程质量保证措施是否符合施工合同要求。

(3) 资源（资金、劳动力、材料、设备）供应计划是否满足工程施工需要。

(4) 安全技术措施是否符合工程建设强制性标准。

(5) 施工总平面布置是否科学合理。

4. 【答案】B

【解析】选项A错误，试验室报审属于施工过程中的相关工作。

选项C错误，工程暂停令由总监理工程师签发。

选项D错误，建设单位组织竣工验收。

考点11 工程质量监督内容

1. 【答案】A

【解析】选项B错误，对工程质量实体监督包括核验工程质量保证资料。

选项C错误，核验工程质量保证资料和工程实体质量抽查同时进行。

选项D错误，质量监督机构对工程施工中关键工序、重要部位的质量进行抽检。

2. 【答案】C

【解析】选项A错误，工程质量监督人员应具备专业配套的背景。

选项B错误，监督机构应拥有一定数量的监督人员。

选项C正确，工程质量监督人员需要相应的仪器、设备和工具。

选项D错误，工程质量监督人员应有固定的工作场所。

3. 【答案】D

【解析】选项A错误，建设单位是工程质量责任主体之一，其行为也在监督范围内。

选项B错误，工程质量监督管理可以由建设行政主管部门或受委托的工程质量监督机构具体实施。

选项C错误，工程质量监督既包括对责任主

体行为的监督，也包括对工程实体质量的监督。

考点 12 工程质量监督程序

1. 【答案】B

【解析】工程质量监督报告必须由工程质量监督负责人签认，经工程质量监督机构负责人审核同意并加盖单位公章后出具。

2. 【答案】ABC

【解析】组织安排工程质量监督准备工作：

(1) 成立工程质量监督组，确定质量监督负责人。

(2) 编制工程质量监督计划，并转发各参建单位。

(3) 召开首次监督会议，明确相关职责。

(4) 检查各方主体行为，确认具备开工条件。

3. 【答案】ABDE

【解析】建设单位在申请办理工程质量监督手续时，需提供下列资料：

(1) 施工图设计文件审查报告和批准书。

(2) 中标通知书和施工、监理合同。

(3) 建设单位、施工单位和工程监理单位的项目负责人和机构组成。

(4) 施工组织设计和监理规划（监理实施细则）。

(5) 其他需要的文件资料。

4. 【答案】B

【解析】工程开工前，建设单位需要到规定的工程质量监督机构办理工程质量监督手续。

考点 13 工程质量监督工作方式

1. 【答案】ABDE

【解析】工程质量文件资料有：工程审批手续；建设工程合同文件；企业资质证明文件，人员资格证书；质量保证体系文件及资料；原材料、构配件、设备出厂合格证和检测试验报告；施工组织设计、（专项）施工方案；混凝土及砂浆试验报告；施工原始记录（如打桩记录等）、施工日志；各种测试资料（如土质及压实度、钻孔桩动测资料等）；测量资料；隐蔽工程质量验收记录；监理日志、监理月报、监理通知等。

2. 【答案】C

【解析】随机抽查：按照工程质量监督计划，工程质量监督人员随机抽查关键工点和工序、影响结构安全和使用功能的部位，采用目测、实测、仪器检测等方式检查工程实体质量。

第二节 施工项目管理组织与项目经理

考点 1 施工项目管理目标及其相互关系

1. 【答案】A

【解析】施工项目管理也即施工方项目管理，是指施工单位为履行工程施工合同，以施工项目经理责任制为核心，对工程施工全过程进行计划、组织、指挥、协调和控制的系统活动。

2. 【答案】C

【解析】选项 A 错误，在确保施工安全的同时，也要考虑工程质量、施工进度等其他方面的目标。

选项 B 错误，不可只追求施工进度，还应考虑施工成本、质量和安全。

选项 D 错误，施工项目管理的五大目标是相互影响和制约的，不能仅做出一方面的调整。

3. 【答案】B

【解析】各个选项都是正确的，但属于对立关系的只有选项 B。

考点 2 施工项目管理任务

1. 【答案】A

【解析】施工项目经理是其所负责项目绿色施工管理的第一责任人。

2. 【答案】C

【解析】从施工单位视角看，工程参建单位之间协调是指：与建设单位、工程监理单位之间的协调；与工程勘察、设计单位之间的协调；与材料设备供应单位、加工单位等的协调；与其他施工单位之间的协调等。

3. 【答案】BCE

【解析】选项A错误，施工方项目管理包括施工总承包项目管理和施工分包项目管理，工程总承包涉及任务量更广泛，不能单纯称之为施工方项目管理。

选项D错误，对于危险性较大的分部分项工程，须编制专项施工方案并经施工单位技术负责人、总监理工程师签字后实施。

考点3 施工项目管理组织结构形式

1. 【答案】C

【解析】选项A错误，直线式组织结构未设置职能部门，无法实现管理工作专业化，不利于提高项目管理水平。

选项B错误，直线式组织结构不存在横向联系。

选项D错误，直线式组织结构权力集中，不进行分权。

2. 【答案】C

【解析】选项A错误，"全能式"项目经理是直线式组织结构的特点。

选项B错误，职能部门的指令，必须经过同层级领导的批准才能下达属于直线职能式组织结构的特点，职能式组织结构中，各个职能部门直接向班组下达指令，无需得到项目经理同意。

选项D错误，职能式组织结构中，每个班组有多个指令源，职责不清。

3. 【答案】D

【解析】选项A错误，直线职能式组织结构信息传递路径较长。

选项B错误，容易形成多头领导的是职能式组织结构的特点。

选项C错误，直线职能式组织结构中，各职能部门间的横向联系差。

4. 【答案】CDE

【解析】矩阵式组织结构的优点是能根据工程任务的实际情况灵活地组建与之相适应的管理机构，具有较大的机动性和灵活性。它实现了集权与分权的最优结合，有利于调动各类人员的工作积极性，使工程项目管理工作顺利地进行。但是，矩阵式组织结构经常变动，稳定性差，尤其是业务人员的工作岗位频繁调动。此外，矩阵中的每一个成员同时受项目经理和职能部门经理的双重领导，如果处理不当，会造成矛盾，产生扯皮现象。

5. 【答案】A

【解析】直线式组织结构是一种最简单的组织结构形式。在这种组织结构中，各种职位均按直线垂直排列，项目经理直接进行单线垂直领导。

6. 【答案】D

【解析】强矩阵式组织结构适用于技术复杂且时间紧迫的工程项目。对于技术复杂的工程项目，各职能部门之间的技术界面比较繁杂，采用强矩阵式组织结构有利于加强各职能部门之间的协调配合。

考点4 责任矩阵

1. 【答案】C

【解析】责任矩阵的编制程序的第一步是列出需要完成的项目管理任务。

2. 【答案】C

【解析】任务执行者在项目管理中的角色有三种：P代表负责人（Principal）；S代表支持者或参与者（Support）；R代表审核者（Review）。

3. 【答案】C

【解析】责任矩阵作为项目管理的重要工具，强调每一项工作需要由谁负责，并表明每个人在整个项目中的角色地位。

4. 【答案】C

【解析】选项A错误，编制责任矩阵的首要环节是列出需要完成的项目管理任务；选项A描述的是第二步。

选项B错误，责任矩阵编制完成后是可以进行动态调整的。

选项D错误，责任矩阵横向统计每个活动

的总工作量，纵向统计每个角色投入的总工作量。

考点 5 施工项目经理职责和权限

1. 【答案】CE

【解析】选项 A 错误，施工项目经理是企业法定代表人授权对施工项目进行全面管理的责任人。

选项 B 错误，承包人更换项目经理应事先征得建设单位同意。

选项 D 错误，承包人项目经理短期离开施工场地，应事先征得监理人同意。

2. 【答案】BCE

【解析】选项 A 错误，项目经理组织编制和落实项目管理实施规划。

选项 D 错误，属于建设单位的工作。

3. 【答案】D

【解析】《建设工程施工项目经理岗位职业标准》规定，项目经理应具有但不限于下列权限：

(1) 参与项目投标及施工合同签订。

(2) 参与组建项目经理部，提名项目副经理、项目技术负责人，选用项目团队成员。

(3) 主持项目经理部工作，组织制定项目经理部管理制度。

(4) 决定企业授权范围内的资源投入和使用。

(5) 参与分包合同和供货合同签订。

(6) 在授权范围内直接与项目相关方进行沟通。

(7) 根据企业考核评价办法组织项目团队成员绩效考核评价，按企业薪酬制度拟定项目团队成员绩效工资分配方案，提出不称职管理人员解聘建议。

第三节 施工组织设计与项目目标动态控制

考点 1 施工项目实施策划

1. 【答案】D

【解析】施工调查提纲应由工程管理部门负责编制。

2. 【答案】ABC

【解析】工程管理部门负责策划的内容：

(1) 明确项目管理模式及施工任务划分。

(2) 提出工期控制目标及施工组织总体安排意见。

(3) 提出重大施工技术方案初步意见。

(4) 确定实施性施工组织设计和重大施工技术方案的分级管理内容及要求。

(5) 确定临时工程标准和管理要求。

(6) 确定工程测量管理方案。

(7) 提出试验室设置意见及试验检测管理方案。

(8) 提出工程施工分包管理要求。

3. 【答案】ABC

【解析】安全、质量、环保管理部门负责策划的内容：

(1) 明确安全、质量、绿色施工及环保管理目标。

(2) 提出施工安全、质量及绿色施工管理重点事项和管理要求。

(3) 提出专项施工方案初步意见。

(4) 明确应急预案编制及管理要求。

选项 D、E 属于人力资源管理部门负责策划的内容。

4. 【答案】ABCE

【解析】项目实施策划书应包括以下内容：

(1) 工程概况。包括工程水文地质情况、工程分布、重点工程情况、施工特点和重难点、工程数量等。

(2) 施工项目管理目标及管理要求。包括工期目标、质量目标、成本及效益目标、安全目标、绿色施工及环境保护目标等，以及相应管理要求。

(3) 施工项目管理机构设置。

(4) 施工任务划分及队伍部署。包括各施工段任务范围、主要工程数量、施工队伍部署及施工内容等。

(5) 施工组织设计及主要施工方案建议。包括施工组织指导意见、主要施工方案、技术管理重点、主要施工技术手段等。

(6) 临时工程。包括临时工程的初步方案、标准、管理要求等。

(7) 主要资源调配。包括主要人力资源和主要机械设备配置及到场时间。

(8) 物资采购与供应。包括物资料源情况、物资管理机构及其职责、物资采购供应方案等。

(9) 工程试验检测安排。包括主要试验检测机构设立、试验检测方案等。

(10) 工程测量管理方案。

(11) 施工项目科技研发计划和工作安排。

考点 2 施工组织设计的分类及其内容

1. **【答案】** BCD

【解析】 施工总进度计划可按以下程序编制：

(1) 计算工程量。

(2) 确定各单位工程施工期限。

(3) 确定各单位工程的开竣工时间和相互搭接关系。

(4) 编制初步施工总进度计划。

(5) 形成正式的施工总进度计划。

2. **【答案】** A

【解析】 施工总平面布置原则：

(1) 平面布置科学合理，施工场地占用面积少。

(2) 合理组织运输，减少二次搬运。

(3) 施工区域划分和场地临时占用应符合总体施工部署和施工流程要求，减少相互干扰。

(4) 充分利用既有建（构）筑物和既有设施为工程施工服务，降低临时设施建造费用。

(5) 临时设施应方便生产、生活，办公区、生活区和生产区宜分离设置。

(6) 符合节能、环保、安全和消防等要求。

(7) 遵守工程所在地政府建设主管部门和建设单位关于施工现场安全文明施工的相关规定。

3. **【答案】** ABCD

【解析】 施工组织设计的编制依据有：

(1) 工程建设有关法律法规及政策。

(2) 工程建设标准和技术经济指标。

(3) 工程设计文件。

(4) 工程招标投标文件或施工合同文件。

(5) 工程现场条件，工程地质及水文地质、气象等自然条件。

(6) 与工程有关的资源供应情况。

(7) 施工单位的生产能力、机具设备状况及技术水平等。

4. **【答案】** C

【解析】 施工流水段划分一般属于施工部署的内容。

5. **【答案】** C

【解析】 单位工程施工组织设计是以单位工程（如一栋楼房、一个烟囱、一段道路、一座桥等）为对象编制的。

6. **【答案】** BCD

【解析】 施工方案的主要内容包括：工程概况；施工安排；施工进度计划；施工准备与资源配置计划；施工方法及工艺要求。

7. **【答案】** D

【解析】 施工方案技术准备包括：施工所需技术资料的准备；图纸深化和技术交底的要求；试验检验和调试工作计划；样板制作计划，以及与相关单位的技术交接计划等。

考点 3 施工组织设计的编制、审批及动态管理

1. **【答案】** B

【解析】 施工组织总设计应由施工项目负责人主持编制。

2. **【答案】** C

【解析】 单位工程施工组织设计应由施工单位技术负责人或技术负责人授权的技术人员审批。

3. **【答案】** ABCD

【解析】 工程施工过程中发生下列情形时，应及时对施工组织设计进行修改或补充：

(1) 工程设计有重大修改。

(2) 有关法律、法规及标准实施、修订和废止。

(3) 主要施工方法有重大调整。

(4) 主要施工资源配置有重大调整。

(5) 施工环境有重大改变。

4.【答案】D

【解析】选项A错误，专项施工方案应由施工单位技术负责人批准。

选项B错误，施工方案应由项目技术负责人审批。

选项C错误，施工组织总设计应由总承包单位技术负责人审批。

考点4 施工项目目标动态控制

1.【答案】A

【解析】施工项目目标体系构建后，施工项目管理的关键在于项目目标动态控制。

2.【答案】ABD

【解析】选项C错误，以不同标段划分目标属于按承包单位分解。

选项E错误，有的施工项目工期紧迫，有的施工项目资金紧张，有的施工项目技术复杂等，从而决定了进度、质量、成本目标在不同施工项目中具有不同的优先等级。

3.【答案】B

【解析】选项A属于组织措施；选项C属于技术措施；选项D属于经济措施。

4.【答案】C

【解析】技术措施包括编制施工组织设计、施工方案并对其技术可行性进行审查、论证；改进施工方法和施工工艺，采用更先进的施工机具；采用新技术、新材料、新工艺、新设备等“四新”技术并组织专家论证其可靠性和适用性等。

选项C属于组织措施。

5.【答案】C

【解析】选项A属于组织措施；选项B属于技术措施；选项D属于合同措施。

6.【答案】A

【解析】组织措施包括建立施工项目目标控制工作考评机制，通过绩效考核实现持续改进等。

第二章　施工招标投标与合同管理

第一节　施工招标投标

考点 1　施工招标方式与程序

1.【答案】A

【解析】公开招标又称无限竞争性招标，是指招标人通过新闻媒体发布招标公告，邀请具备条件的法人或组织投标竞争，然后从中确定中标者并与之签订施工合同的过程。

2.【答案】D

【解析】选项 D 错误，以招标公告的方式发出投标邀请，是公开招标的特点。

3.【答案】ABC

【解析】施工招标准备工作主要包括：组建招标组织、办理招标申请手续、进行招标策划、编制资格预审文件和招标文件等。

4.【答案】C

【解析】招标人和中标人应当自中标通知书发出之日起 30 日内，按照招标文件和中标人的投标文件订立书面合同。

5.【答案】D

【解析】评标委员会由招标人代表及有关技术、经济等方面的专家组成，成员人数为 5 人以上单数，其中技术、经济等方面的专家不得少于成员总数的 2/3。7 人的 2/3 应为 5 人。

6.【答案】BDE

【解析】选项 A、C 属于平行承包模式的特点。

7.【答案】ABD

【解析】选项 C 错误，招标人和审查委员会不接受申请人主动提出的澄清或说明。

选项 E 错误，澄清或说明采用书面形式，并不得改变资格预审申请文件的实质性内容。

8.【答案】C

【解析】选项 A 错误，招标人在组织现场踏勘时，除对工程场地和相关周边环境情况进行介绍外，不对投标人提出的有关问题作进一步说明，以免干扰投标人的判断。

选项 B 错误，投标人踏勘现场发生的费用自理。

选项 D 错误，招标人应在投标截止时间至少 15 日前，以书面形式将澄清内容通知所有获取招标文件的潜在投标人。

9.【答案】A

【解析】选项 B 错误，已标价工程量清单中，单价金额小数点有明显错误的，不做修改。

选项 C 错误，对工程工期、工程质量、投标有效期进行审查属于响应性评审。

选项 D 错误，投标文件中的大写金额与小写金额不一致时，以大写为准。

10.【答案】B

【解析】选项 A 错误，经评审的最低投标价法，按投标价由低到高的顺序推荐中标候选人。

选项 C 错误，综合评估法，按得分由高到低的顺序推荐中标候选人。

选项 D 错误，综合评分相等时，以投标报价低的优先；投标报价也相等的，由招标人自行确定。

11.【答案】AD

【解析】建设单位具有与招标项目规模和复杂程度相适应的技术、经济等方面的专业人员，具有编制招标文件和组织评标的能力的，可自行组织招标。

12.【答案】CDE

【解析】《招标投标法实施条例》规定，按照国家有关规定需要履行项目审批、核准手续的依法必须进行招标的项目，其招标范围、招标方式、招标组织形式应当报项目审批、核准部门审批、核准。

考点 2　单价合同

1. 【答案】BDE

【解析】采用可调单价合同时，合同双方可以估算工程量为基准，约定实际工程量的变化超过一定比例时合同单价的调整方式。合同双方也可约定，当市场价格变化达到一定程度或国家政策发生变化时，可以对哪些工程内容的单价进行调整，以及如何进行调整。

2. 【答案】B

【解析】单价合同是指施工单位在投标时按工程量清单中的分项工作内容填报单价，然后以实际完成工程量乘以所报单价计算工程价款的合同。所以，本题中结算价款应以合同中的各项单价乘以实际完成的工程量之和为准。

考点 3　总价合同

1. 【答案】ABD

【解析】固定总价合同一般适用于下列情形：

(1) 招标时已有施工图设计文件，施工任务和发包范围明确，合同履行中不会出现较大设计变更。

(2) 工程规模较小、技术不太复杂的中小型工程或承包工作内容较为简单的工程部位，施工单位可在投标报价时合理地预见施工过程中可能遇到的各种风险。

(3) 工程量小、工期较短（一般为1年之内），合同双方可不必考虑市场价格浮动对承包价格的影响。

2. 【答案】ACE

【解析】可调总价合同常用的调价方法有：文件证明法、票据价格调整法、公式调价法。

考点 4　成本加酬金合同

1. 【答案】D

【解析】成本加固定百分比酬金合同不能激励施工单位缩短工期和降低成本。

2. 【答案】B

【解析】选项A，成本加固定酬金合同在签订合同时约定酬金为某一固定值。

选项C，成本加浮动酬金合同形式涉及工程预期成本和固定酬金，以及奖罚计算办法，与题干不符。

选项D，目标成本加奖罚合同是根据估算目标成本，并以百分比形式约定基本酬金和奖罚酬金，不是按直接成本乘以百分比来计算。

3. 【答案】B

【解析】选项A错误，因为当实际成本超过预期成本时，不是获得奖金，而是会扣除罚金。

选项B正确，实际成本超支时，超出部分金额作为罚金从酬金中扣除。

选项C错误，根据合同条件，实际成本超支是会影响酬金数额的。

选项D错误，实际成本超支不是按固定百分比增加，而是减少酬金。

考点 5　合同计价方式比较与选择

1. 【答案】C

【解析】总价合同施工承包单位风险大，建设单位容易进行造价控制。

2. 【答案】CDE

【解析】选择合同计价方式应考虑的因素：

(1) 项目复杂程度。

(2) 工程设计深度。

(3) 技术先进程度。

(4) 工期紧迫程度。

3. 【答案】C

【解析】对于施工中有较大部分采用新技术、新工艺的工程，建设单位和施工单位缺乏经验，应选用成本加酬金合同。选项A、B、D在这种情况下可能会导致估算不准确。

考点 6　招标工程量清单

1. 【答案】A

【解析】暂列金额：它是用于施工合同签订时尚未确定或者不可预见的所需材料、设

备、服务采购，施工中可能发生的工程变更、合同约定调整因素出现时的合同价款调整以及发生的索赔、现场签证确认等的费用。

2. 【答案】C

【解析】暂估价是招标人在工程量清单中提供的用于支付必然发生但暂时不能确定价格的材料、工程设备的单价及专业工程的金额，包括材料暂估单价、工程设备暂估单价、专业工程暂估价。

3. 【答案】C

【解析】规费项目清单应按照下列内容列项：社会保险费，包括养老保险费、失业保险费、医疗保险费、工伤保险费、生育保险费；住房公积金；工程排污费。

4. 【答案】C

【解析】选项A、B、D分别对应清单中的其他不同部分，与计日工无关。

选项C正确，计日工的内容应该列在其他项目清单中。

考点 7 招标控制价

1. 【答案】D

【解析】国有资金投资的工程项目应实行工程量清单招标，招标人必须编制招标控制价。

2. 【答案】BCDE

【解析】实行工程量清单计价的工程，应当采用单价合同。这里的单价是一种综合单价，是指完成一个规定清单项目所需的人工费、材料和工程设备费、施工机具使用费和企业管理费、利润及一定范围内的风险费用。

考点 8 投标报价

1. 【答案】ACDE

【解析】投标报价应遵循以下原则：

(1) 投标价应由投标人编制或由投标人委托专业咨询机构编制。

(2) 投标价应由投标人自主确定，但不得低于成本。

(3) 投标人必须按招标工程量清单填报价格，项目编码、项目名称、项目特征、计量单位、工程量必须与招标工程量清单一致。

(4) 投标价不能高于招标人设定的招标控制价，否则投标将作为废标处理。

2. 【答案】A

【解析】分部分项工程和措施项目中的单价项目，应依据招标文件及招标工程量清单中的项目特征描述确定综合单价。当招标文件描述的项目特征与设计图纸不符时，投标人应以招标文件描述的项目特征确定综合单价。

考点 9 施工投标报价策略

1. 【答案】B

【解析】选项A是报高价的情形之一。

选项B正确，因为施工条件好、工作简单的工程竞争通常比较激烈，适合报低价以增加中标机会。

选项C、D均为报高价的情形，因为这些工程存在特殊性或紧迫性。

2. 【答案】BC

【解析】不平衡报价法适用于以下几种情况：

(1) 能够早日结算的项目可以适当提高报价，以利于资金周转，提高资金时间价值。后期工程项目的报价可适当降低。

(2) 经过工程量核算，预计今后工程量会增加的项目，适当提高单价，这样在最终结算时可多盈利；而对于将来工程量有可能减少的项目，适当降低单价，这样在工程结算时不会有太大损失。

(3) 设计图纸不明确、估计修改后工程量要增加的，可以提高单价；而工程内容说明不清楚的，则可降低一些单价，在工程实施阶段通过索赔再寻求提高单价的机会。

(4) 对暂定项目要做具体分析。如果工程不分标，不会另由一家承包单位施工，则其中肯定要施工的单价可报高些，不一定要施工的则应报低些。如果工程分标，该暂定项目也可能由其他承包单位施工时，则不宜报高价，以免抬高总报价。

(5) 单价与包干混合制合同中，招标人要求有些项目采用包干报价时，宜报高价。对于其余单价项目，则可适当降低报价。

(6) 有时招标文件要求投标人对工程量大的项目报“综合单价分析表”，投标时可将单价分析表中的人工费及机械设备费报得高一些，而材料费报得低一些。

3. 【答案】BCD

【解析】选项A错误，能够早日结算的项目(如前期措施费、基础工程、土石方工程等)可以适当提高报价，以利于资金周转，提高资金时间价值。

选项E错误，单价与包干混合制合同中，招标人要求有些项目采用包干报价时，宜报高价。

4. 【答案】B

【解析】多方案报价法中，第一价格是按照招标文件的条件报的价格，第二价格是在某条款改动后可以降低的价格。

考点 10　施工投标文件

1. 【答案】ABC

【解析】施工投标文件通常包括技术标书、商务标书、投标函及其他有关文件三部分内容。

2. 【答案】ABD

【解析】商务标书包括工程报价、优惠条件、对合同条款的确认等内容。

选项C错误，商务标书包含单价分析。

选项E错误，施工组织设计属于技术标书的内容，而非商务标书的内容。

3. 【答案】B

【解析】选项A错误，对于较为关键的内容，如工程总报价、优惠条件、合理化建议等，至少应由两人各自分别校对一遍。

选项C错误，特殊重大工程项目，在校对完成后需要再交由相关负责人审核。

选项D错误，校对不仅仅关注文字表述，还包括漏页、页码错误等。

第二节　合同管理

考点 1　施工合同文件的组成及优先解释顺序

1. 【答案】B

【解析】除专用合同条款另有约定外，解释合同文件的优先顺序如下：合同协议书；中标通知书；投标函及投标函附录；专用合同条款；通用合同条款；技术标准和要求；图纸；已标价工程量清单；其他合同文件。

2. 【答案】B

【解析】根据解释施工合同文件的优先顺序，专用合同条款的优先级高于通用合同条款，因此，选项B正确。

3. 【答案】ACD

【解析】施工合同文件包括合同协议书、中标通知书、投标函及投标函附录、专用合同条款、通用合同条款、技术标准和要求、图纸、已标价工程量清单及组成施工合同的其他文件。

考点 2　施工合同订立管理

1. 【答案】B

【解析】运输超大件或超重件所需的道路和桥梁临时加固改造费用和其他有关费用，由承包人承担。

2. 【答案】C

【解析】除专用合同条款另有约定外，发包人应根据合同工程的施工需要，负责办理取得出入施工场地的专用和临时道路的通行权，以及取得为工程建设所需修建场外设施的权利，并承担有关费用。

3. 【答案】A

【解析】监理人应在开工日期7天前向承包人发出开工通知。

4. 【答案】B

【解析】监理人征得发包人同意后，应在开工日期7天前向承包人发出开工通知，合同工期自开工通知中载明的开工日起计算。

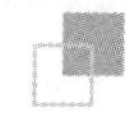

考点 3 施工进度管理

1.【答案】A

【解析】根据《标准施工招标文件》中通用合同条款的规定，由于出现专用合同条款规定的异常恶劣气候的条件导致工期延误的，承包人有权要求发包人延长工期。

2.【答案】D

【解析】由于发包人原因发生暂停施工的紧急情况，且监理人未及时下达暂停施工指示的，承包人可先暂停施工，并及时向监理人提出暂停施工的书面请求。监理人应在接到书面请求后的24h内予以答复。逾期未答复的，视为同意承包人暂停施工的请求。

3.【答案】C

【解析】选项A错误，由于发包人原因引起的暂停施工造成工期延误的，承包人有权要求发包人延长工期和（或）增加费用，并支付合理利润。

选项B错误，不论何种原因引起的暂停施工，暂停施工期间承包人应负责妥善保护工程并提供安全保障。

选项D错误，施工中出现一些意外需要暂停施工的，相应责任由责任方承担。

4.【答案】BCDE

【解析】在履行合同过程中，由于发包人的下列原因造成工期延误的，承包人有权要求发包人延长工期和（或）增加费用，并支付合理利润：

（1）增加合同工作内容。

（2）改变合同中任何一项工作的质量要求或其他特性。

（3）发包人迟延提供材料、工程设备或变更交货地点。

（4）因发包人原因导致的暂停施工。

（5）提供图纸延误。

（6）未按合同约定及时支付预付款、进度款。

考点 4 施工质量管理

1.【答案】BC

【解析】承包人应根据合同进度计划安排，向监理人报送要求发包人交货的日期计划。发包人应在材料和工程设备到货7天前通知承包人，承包人应会同监理人在约定的时间内，赴交货地点共同进行验收。发包人提供的材料和工程设备验收后，由承包人负责接收、运输和保管。

2.【答案】D

【解析】工程隐蔽部位覆盖前的检查：

（1）通知监理人检查。

经承包人自检确认的工程隐蔽部位具备覆盖条件后，承包人应通知监理人在约定的期限内检查。承包人的通知应附有自检记录和必要的检查资料。监理人应按时到场检查。经监理人检查确认质量符合隐蔽要求，并在检查记录上签字后，承包人才能进行覆盖。监理人检查确认质量不合格的，承包人应在监理人指示的时间内修整返工后，由监理人重新检查。

（2）监理人未到场检查。

监理人未按约定的时间进行检查的，除监理人另有指示外，承包人可自行完成覆盖工作，并作相应记录报送监理人，监理人应签字确认。监理人事后对检查记录有疑问的，可按约定重新检查。

（3）监理人重新检查。

承包人按上述的（1）、（2）覆盖工程隐蔽部位后，监理人对质量有疑问的，可要求承包人对已覆盖的部位进行钻孔探测或揭开重新检验，承包人应遵照执行，并在检验后重新覆盖恢复原状。经检验证明工程质量符合合同要求的，由发包人承担由此增加的费用和（或）工期延误，并支付承包人合理利润；经检验证明工程质量不符合合同要求的，由此增加的费用和（或）工期延误由承包人承担。

考点 5 工程计量与支付管理

1.【答案】CD

【解析】选项A错误，包工包料工程的预付

款支付比例不得低于签约合同价（扣除暂列金额）的10%。

选项B错误，应在开工后的28天内预付安全文明施工费。

选项E错误，应在预付款扣完后的14天内将预付款保函退还给承包人。

2.【答案】BE

【解析】选项A错误，质量验收合格，表明发包人已接受了承包人完成的相应工作。

选项C错误，发包人在预付款期满后7天内仍未支付的，承包人有权暂停施工。

选项D错误，发包人应在监理人收到进度付款申请28天内完成支付。

3.【答案】B

【解析】包工包料工程的预付款支付比例不得低于签约合同价（扣除暂列金额）的10%，不宜高于签约合同价（扣除暂列金额）的30%。

4.【答案】C

【解析】发包人应在工程开工后的28天内预付不低于当年施工进度计划的安全文明施工费总额的60%，其余部分按照提前安排的原则进行分解，与进度款同期支付。

考点6 施工安全与环境保护

1.【答案】BCD

【解析】承包人应按合同约定的安全工作内容编制施工安全措施计划，应按监理人的指示制定应对灾害的紧急预案。承包人应严格按照国家安全标准制定施工安全操作规程，配备必要的安全生产和劳动保护设施，加强对承包人人员的安全教育，并发放安全工作手册和劳动保护用具。承包人应对其履行合同所雇佣的全部人员，包括分包人人员的工伤事故承担责任，但由于发包人原因造成承包人人员工伤事故的，应由发包人承担责任。由于承包人原因在施工场地内及其毗邻地带造成的第三者人员伤亡和财产损失，由承包人负责赔偿。

2.【答案】C

【解析】选项A错误，承包人编制的施工环保措施计划需要报送监理人审批。

选项B错误，承包人需要负责有序堆放与处理施工废弃物。

选项C正确，承包人须要对其施工废弃物处理不当造成的环境影响承担责任。

选项D错误，承包人需要按照国家标准定期监测饮用水源，防止污染。

考点7 变更管理

1.【答案】B

【解析】已标价工程量清单中无适用或类似子目的单价，可按照成本加利润的原则，由监理人和合同当事人商定或确定变更工作的单价。

2.【答案】A

【解析】已签约合同价中的暂列金额由发包人掌握使用。发包人按照合同的规定作出支付后，如有剩余，则暂列金额余额归发包人所有。

3.【答案】ABDE

【解析】根据《标准施工招标文件》中的通用合同条款的规定，除专用合同条款另有约定外，在履行合同中发生以下情形之一，应按照本条规定进行变更：

(1) 取消合同中任何一项工作，但被取消的工作不能转由发包人或其他人实施。

(2) 改变合同中任何一项工作的质量或其他特性。

(3) 改变合同工程的基线、标高、位置或尺寸。

(4) 改变合同中任何一项工作的施工时间或改变已批准的施工工艺或顺序。

(5) 为完成工程需要追加的额外工作。

4.【答案】D

【解析】选项A错误，在履行合同过程中，经发包人同意，监理人可按合同约定的变更程序向承包人作出变更指示，承包人应遵照执行。没有监理人的变更指示，承包人不得擅自变更。

选项B错误，变更意向书只能由监理人发出。

选项C错误，监理人收到承包人书面建议后，应与发包人共同研究，确认存在变更的，应在收到承包人书面建议后的14天内作出变更指示。

5. **【答案】** ABDE

【解析】 变更指示应说明变更的目的、范围、变更内容以及变更的工程量及其进度和技术要求，并附有关图纸和文件。

6. **【答案】** B

【解析】（6000－5000）/5000＝20%＞15%；不调价部分土方工程量为：5000×（1＋15%）＝5750（m^3）；土方工程总价款为：5750×60＋（6000－5750）×60×0.9＝358500（元）。

考点 8 竣工验收

1. **【答案】** ABE

【解析】 选项A正确，选项C错误，发包人根据合同进度计划安排，在全部工程竣工前需要使用已经竣工的单位工程时，或承包人提出经发包人同意时，可进行单位工程验收。验收合格后，由监理人向承包人出具经发包人签认的单位工程验收证书。

选项B正确，选项D错误，已签发单位工程接收证书的单位工程由发包人负责照管。单位工程的验收成果和结论作为全部工程竣工验收申请报告的附件。

选项E正确，承包人在完成不合格工程的返工重作或补救工作后，应重新提交竣工验收申请报告。

2. **【答案】** A

【解析】 除合同另有约定外，工程接收证书颁发后，承包人应按要求对施工场地进行清理，直至监理人检验合格为止。竣工清场费用由承包人承担。

3. **【答案】** C

【解析】 工程接收证书颁发后的56天内，除了经监理人同意需在缺陷责任期内继续工作和使用的人员、施工设备和临时工程外，其余的人员、施工设备和临时工程均应撤离施工场地或拆除。

考点 9 不可抗力事件的处理

1. **【答案】** BD

【解析】 除专用合同条款另有约定外，不可抗力导致的人员伤亡、财产损失、费用增加和（或）工期延误等后果，由合同双方按以下原则承担：

（1）永久工程，包括已运至施工场地的材料和工程设备的损害，以及因工程损害造成的第三者人员伤亡和财产损失由发包人承担。

（2）承包人设备的损坏由承包人承担。

（3）发包人和承包人各自承担其人员伤亡和其他财产损失及其相关费用。

（4）承包人的停工损失由承包人承担，但停工期间应监理人要求照管工程和清理、修复工程的金额由发包人承担。

（5）不能按期竣工的，应合理延长工期，承包人不需支付逾期竣工违约金。发包人要求赶工的，承包人应采取赶工措施，赶工费用由发包人承担。

2. **【答案】** AD

【解析】 除专用合同条款另有约定外，不可抗力导致的人员伤亡、财产损失、费用增加和（或）工期延误等后果，由合同双方按以下原则承担：

（1）永久工程，包括已运至施工场地的材料和工程设备的损害，以及因工程损害造成的第三者人员伤亡和财产损失由发包人承担。

（2）承包人设备的损坏由承包人承担。

（3）发包人和承包人各自承担其人员伤亡和其他财产损失及其相关费用。

（4）承包人的停工损失由承包人承担，但停工期间应监理人要求照管工程和清理、修复工程的金额由发包人承担。

（5）不能按期竣工的，应合理延长工期，承包人不需支付逾期竣工违约金。发包人要求赶工的，承包人应采取赶工措施，赶工费用由发包人承担。

考点10 索赔管理

1.【答案】BE

【解析】选项A、C可以索赔工期、费用和利润；选项D只能索赔费用。

2.【答案】B

【解析】选项A只能补偿工期；选项C可补偿费用和利润；选项D只能补偿费用。

3.【答案】B

【解析】承包人应在发出索赔意向通知书后28天内，向监理人正式递交索赔通知书。

4.【答案】B

【解析】选项A错误，监理人收到承包人提交的索赔通知书后，应及时审查索赔通知书的内容、查验承包人的记录和证明材料，必要时监理人可要求承包人提交全部原始记录副本。

选项C错误，监理人应与合同当事人商定或确定追加的付款和（或）延长的工期，并在收到上述索赔通知书或有关索赔的进一步证明材料后的42天内，将索赔处理结果答复承包人。

选项D错误，承包人不接受索赔处理结果的，按合同约定的争议解决办法办理。

5.【答案】A

【解析】根据《标准施工招标文件》中的通用合同条款，承包人提出索赔的期限如下：

（1）承包人按合同约定接受了竣工付款证书后，应被认为已无权再提出在合同工程接收证书颁发前所发生的任何索赔。

（2）承包人按合同约定提交的最终结清申请单中，只限于提出工程接收证书颁发后发生的索赔。提出索赔的期限自接受最终结清证书时终止。

考点11 违约责任

1.【答案】C

【解析】监理人应向承包人发出整改通知，承包人仍不纠正违法行为时，发包人可向承包人发出解除合同通知。

2.【答案】ABDE

【解析】选项C，承包人自身原因导致的问题与发包人违约无关。

考点12 争议的解决

1.【答案】B

【解析】选项A错误，虽然总监理工程师的确定执行在特定条件下适用（仲裁或诉讼期间），但不是评审意见被接受后应采取的行动。

选项B正确，若争议双方都接受评审意见，监理人需根据评审意见拟定执行协议，并将其作为合同的补充文件。

选项C、D错误，不符合接受评审意见后的规定步骤。

2.【答案】C

【解析】当争议发生时，应首先进行友好协商解决（选项C正确）。如果协商不成，才考虑其他方式如争议评审、仲裁或诉讼。

考点13 施工合同纠纷审理相关规定

1.【答案】D

【解析】开工通知发出后，尚不具备开工条件的，以开工条件具备的时间为开工日期。

2.【答案】A

【解析】选项A错误，利息计付标准和时间没有约定，按照同期同类贷款利率或者同期贷款市场报价利率计息。

3.【答案】B

【解析】建设工程未经竣工验收，发包人擅自使用的，以转移占有建设工程之日为竣工日期。

考点14 专业分包合同管理

1.【答案】D

【解析】选项A错误，专业分包人应按规定办理有关施工噪音排放的手续，由承包人承担由此发生的费用。

选项B错误，承包人应提供总包合同（有关承包工程的价格内容除外）供分包人查阅。

选项C错误，分包人应允许承包人、发包人、工程师及其三方中任何一方授权的人员在工作时间内，合理进入分包工程施工场地或材料存放的地点，以及施工场地以外与分包合同有关的分包人的任何工作或准备的地点，分包人应提供方便。

2.【答案】C

【解析】承包人应完成的工作通常有：

(1) 向分包人提供根据总包合同由发包人办理的与分包工程相关的各种证件、批件、各种相关资料，向分包人提供具备施工条件的施工场地。

(2) 组织分包人参加发包人组织的图纸会审，向分包人进行设计图纸交底。

(3) 提供合同专用条款中约定的设备和设施，并承担因此发生的费用。

(4) 随时为分包人提供确保分包工程的施工所要求的施工场地和通道等，满足施工运输的需要，保证施工期间的畅通。

(5) 负责整个施工场地的管理工作，协调分包人与同一施工场地的其他分包人之间的交叉配合，确保分包人按照经批准的施工组织设计进行施工。

(6) 为运至施工场地内用于分包工程的材料和待安装设备办理保险。

3.【答案】A

【解析】分包人须服从承包人转发的发包人或工程师与分包工程有关的指令。未经承包人允许，分包人不得以任何理由与发包人或工程师发生直接工作联系，分包人不得直接致函发包人或工程师，也不得直接接受发包人或工程师的指令。如分包人与发包人或工程师发生直接工作联系，将被视为违约，并承担违约责任。

4.【答案】C

【解析】分包人在约定情况（承包人未按约定提供图纸）发生后14天内，就延误的工期以书面形式向承包人提出报告。

5.【答案】AC

【解析】可调整合同价款的因素包括：法律、行政法规和国家有关政策变化影响合同价款；工程造价管理部门公布的价格调整；一周内非分包人原因停水、停电、停气造成停工累计超过8h；双方约定的其他因素。

6.【答案】B

【解析】承包人收到分包人递交的分包工程竣工结算报告及结算资料后28天内进行核实，给予确认或者提出明确的修改意见。承包人确认竣工结算报告后7天内向分包人支付分包工程竣工结算价款。分包人收到竣工结算价款之日起7天内，将竣工工程交付承包人。

考点15　劳务分包合同管理

1.【答案】B

【解析】选项A、C、D属于工程承包人的主要义务；选项B属于劳务分包人的义务。

2.【答案】ACDE

【解析】选项B错误，劳务分包人必须为从事危险作业的职工办理意外伤害保险，并为施工场地内自有人员生命财产和施工机械设备办理保险，支付保险费用。

3.【答案】ADE

【解析】劳务分包人必须为从事危险作业的职工办理意外伤害保险，并为施工场地内自有人员生命财产和施工机械设备办理保险，支付保险费用。选项B、C应由承包人办理并支付保险费用。总之，谁的人机，谁来买保险。

4.【答案】B

【解析】全部工作完成，经工程承包人认可后14天内，劳务分包人向工程承包人递交完整的结算资料，双方按照本合同约定的计价方式，进行劳务报酬的最终支付。

考点16　材料采购合同管理

1.【答案】B

【解析】全部合同材料质量保证期届满后，买方在收到卖方提交的由买方签署的质量保证期届满证书并经审核无误后28日内，向卖方支付合同价格5%的结清款。

2. 【答案】ABCD

【解析】买方在收到卖方提交的下列单据并经审核无误后28日内，应向卖方支付进度款，进度款支付至该批次合同材料的合同价格的95%：卖方出具的交货清单正本一份；买方签署的收货清单正本一份；制造商出具的出厂质量合格证正本一份；合同材料验收证书或进度款支付函正本一份；合同价格100%金额的增值税发票正本一份。

3. 【答案】B

【解析】供货周期不超过12个月时，签约合同价通常为固定价格。

考点17 设备采购合同管理

1. 【答案】B

【解析】由于买方原因合同设备在三次考核中均未能达到技术性能考核指标的，买卖双方应在考核结束后7日内或专用合同条款另行约定的时间内签署验收款支付函。

2. 【答案】ACD

【解析】选项B错误，如果故障是由买方原因造成的，则维修或更换的费用应由买方承担。

选项E错误，更换的合同设备和（或）关键部件的质量保证期应重新计算。

3. 【答案】C

【解析】卖方应在合同设备预计启运7日前通知买方合同设备的相关信息。

第三节 施工承包风险管理及担保保险

考点1 施工承包常见风险

1. 【答案】C

【解析】自然环境风险属于外部环境风险，而非施工项目本身的风险。

2. 【答案】C

【解析】工程款支付及结算风险的一个应对措施是在签订合同时约定逾期付款利息。

考点2 施工承包风险管理计划

1. 【答案】B

【解析】施工风险管理计划调整必须经过施工承包单位授权人的批准。其他选项虽然在施工过程中也有重要角色，但在风险管理计划调整的批准中并没有直接的决定权。

2. 【答案】ACD

【解析】施工风险管理计划应包括下列内容：

（1）风险管理目标。

（2）风险管理范围。

（3）可使用的风险管理方法、措施、工具和数据。

（4）风险跟踪要求。

（5）风险管理责任和权限。

（6）必需的资源和费用预算。

考点3 施工承包风险管理程序

1. 【答案】B

【解析】施工风险管理包括施工全过程的风险识别、风险评估、风险应对和风险监控。

2. 【答案】C

【解析】根据风险等级评定结果，可以进行风险可接受性评定。风险等级为大、很大的风险因素属于不可接受的风险，需要给予重点关注；风险等级为中等的风险因素是不希望有的风险；风险等级为小的风险因素是可接受风险；风险等级为很小的风险因素是可忽略风险。

3. 【答案】C

【解析】风险等级图中，①⑤⑨的风险大致相等，都属于中等风险。

4. 【答案】D

【解析】断绝风险来源属于风险规避。

考点4 工程担保

1. 【答案】A

【解析】投标担保的主要目的是保证投标人在递交投标文件后不得撤销投标文件，中标后不得无正当理由不与招标人订立合同，在签订合同时不得向招标人提出附加条件或者

必刷 第二章

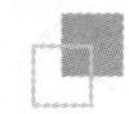

不按照招标文件要求提交履约担保，否则，招标人有权不予退还其提交的投标保证金。

2. 【答案】B

【解析】根据《中华人民共和国招标投标法实施条例》，投标保证金不得超过招标项目估算价的2%，投标保证金有效期应当与投标有效期一致。

3. 【答案】ABC

【解析】履约担保是指中标人在签订合同前向招标人提交的保证履行合同义务和责任的担保。联合体中标的，应由联合体牵头人提交履约担保。履约担保形式有银行履约保函、履约担保书、履约保证金等。

4. 【答案】B

【解析】预付款担保的主要作用在于保证承包人能够按合同规定进行施工，偿还发包人已支付的全部预付金额。

5. 【答案】B

【解析】保护承包人的合法权益的担保一定是由发包人提供的，由发包人提供的担保只有支付担保。

6. 【答案】D

【解析】根据《建设工程施工合同（示范文本）》，发包人累计扣留的质量保证金不得超过工程价款结算总额的3%。

考点5 工程保险种类

1. 【答案】BCDE

【解析】建筑工程一切险中，物质损失部分的保险责任主要有保险单中列明的各种自然灾害和意外事故，如洪水、风暴、水灾、暴雨、地陷、冰雹、雷电、火灾、爆炸等多项，同时还承保盗窃、工人或技术人员过失等人为风险，以及原材料缺陷或工艺不善引起的事故。此外，还可在基本保险责任项下附加特别保险条款，以利于被保险人全面转移风险。

2. 【答案】A

【解析】建筑工程一切险以发包人和承包人的共同名义投保，被保险人包括发包人、总承包人、分包人、发包人聘用的监理人员、与工程有密切关系的单位或个人，如贷款银行等。

3. 【答案】C

【解析】建筑工程一切险除外责任，保险人对设计错误引起的损失和费用不承担赔偿责任。

考点6 工程保险的选择及理赔

1. 【答案】C

【解析】决定保险成本的最主要因素是保险费率，这也是投保人选择保险人时需要考虑的重要因素。

2. 【答案】B

【解析】当一个项目由多家保险公司同时承保时，负责理赔的保险人仅需按比例分担其应负的赔偿责任。

第三章　施工进度管理

第一节　施工进度影响因素与进度计划系统

考点 1　施工进度影响因素

1. 【答案】B

【解析】建设资金不到位属于建设单位原因，选项 B 正确。

2. 【答案】C

【解析】选项 C 中提到的条款表述明确，有利于减少合同问题造成的施工进度延误。选项 A、B、D 都会影响施工进度。

考点 2　施工进度计划系统

1. 【答案】A

【解析】施工总进度计划目的在于确定各单位工程及全工地性工程的施工期限及开竣工日期，进而确定施工现场劳动力、材料、成品、半成品、施工机械的需求数量和调配情况，以及现场临时设施的数量、水电供应量和能源、交通需求量。

2. 【答案】D

【解析】选项 D 错误，分部分项工程进度计划的目的是保证单位工程进度计划能够顺利实施，并非为了缩短总工期。

考点 3　施工进度计划表达形式

1. 【答案】BCD

【解析】与横道计划相比，网络计划具有以下特点：

(1) 能够明确表达各项工作之间的先后顺序关系（也即逻辑关系），这对于分析进度计划执行中各项工作之间的相互影响非常重要。

(2) 能够通过时间参数计算，找出影响工期的关键工作和关键线路，有利于施工进度控制中抓主要矛盾，确保施工总进度目标的实现。

(3) 能够通过时间参数计算，确定各项工作的机动时间（也即时差），有利于施工进度管理中挖掘潜力，还可用来优化网络计划。

(4) 能够利用项目管理软件进行计算、优化和调整，实现对施工进度的动态控制。

2. 【答案】ABD

【解析】选项 A 正确，横道图也称甘特图，易于编制和理解。

选项 B 正确，网络图能够明确表达各项工作之间的先后顺序关系。

选项 C 错误，横道图不能反映工作所具有的机动时间（时差），这是其不足之处。

选项 D 正确，网络图可以利用项目管理软件进行优化和调整。

选项 E 错误，横道图不能明确反映各项工作之间的相互联系和制约关系。

第二节　流水施工进度计划

考点 1　流水施工特点

1. 【答案】C

【解析】平行施工的特点之一是：能够充分利用工作面进行施工，工期短。

2. 【答案】C

【解析】选项 A 是平行施工的特点。

选项 B 错误，如果由一个工作队完成全部施工任务，依次施工不能实现专业化施工。

选项 D 错误，专业工作队不能连续作业，有时间间歇。

3. 【答案】BCD

【解析】流水施工组织方式具有以下特点：

(1) 尽可能利用工作面进行施工，工期较短。

(2) 各工作队实现专业化施工，有利于提高施工技术水平和劳动效率，也有利于提高工程质量。

(3) 专业工作队能够连续施工，同时使相邻专业工作队之间能够最大限度地进行搭接作业。

(4) 单位时间内投入的劳动力、施工机具等资源较为均衡，有利于资源供应的组织。

(5) 为施工现场的文明施工和科学管理创造了有利条件。

考点 2 流水施工表达方式

1. **【答案】** C

【解析】 斜向进度线的斜率可直观反映各施工过程的进展速度。

2. **【答案】** C

【解析】 对于铁路、公路、地铁、输电线路、天然气管道等线性工程施工进度计划，更适合采用垂直图表达方式。

3. **【答案】** C

【解析】 采用垂直图表达流水施工的优点是：施工过程及其先后顺序表达清楚，不仅时间和空间状况形象直观，而且斜向进度线的斜率还可直观反映各施工过程的进展速度。

考点 3 流水施工参数

1. **【答案】** ACD

【解析】 流水施工参数有工艺参数、空间参数、时间参数。

2. **【答案】** A

【解析】 工艺参数主要是指在组织流水施工时，用以表达流水施工在施工工艺方面进展状态的参数，通常包括施工过程和流水强度两个参数。

3. **【答案】** ABC

【解析】 为合理划分施工段，应遵循下列原则：

(1) 各施工段的劳动量应大致相等，相差幅度不宜超过 15%，以保证施工在连续、均衡的条件下进行。

(2) 每个施工段要有足够的工作面，以保证相应数量的工人、主导施工机械的生产效率。

(3) 施工段的界限应尽可能与结构界限（如沉降缝、伸缩缝等）相吻合，或设在对建筑结构整体性影响小的部位，以保证建筑结构的整体性。

(4) 施工段数目要满足合理组织流水施工的要求。施工段数目过多，会降低施工速度，延长工期；施工段过少，不利于充分利用工作面，可能造成窝工。

(5) 对于多层建筑物、构筑物或需要分层施工的工程，应既分施工段，又分施工层，各专业工作队依次完成第一施工层中各施工段任务后，再转入第二施工层的施工段上作业，依此类推，以确保相应专业队在施工段与施工层之间，组织连续、均衡、有节奏的流水施工。

4. **【答案】** BE

【解析】 空间参数是指在组织流水施工时，用以表达流水施工在空间布置上开展状态的参数。通常包括工作面和施工段。

5. **【答案】** B

【解析】 流水节拍是指在组织流水施工时，某个专业工作队在一个施工段上的施工时间。

6. **【答案】** B

【解析】 时间参数是指在组织流水施工时，用以表达流水施工在时间安排上所处状态的参数，主要包括流水节拍、流水步距和流水施工工期等。

7. **【答案】** BE

【解析】 流水步距的大小取决于相邻两个专业工作队在各施工段上的流水节拍及流水施工的组织方式。

考点 4 有节奏流水施工

1. **【答案】** ACE

【解析】 固定（全等）节拍流水施工是一种最理想的流水施工方式，具有以下特点：

(1) 所有施工过程在各个施工段上的流水节拍均相等。

(2) 相邻施工过程的流水步距相等，且等于流水节拍。

(3) 专业工作队数等于施工过程数，即每一个施工过程组建一个专业工作队。

(4) 各专业工作队在各施工段上能够连续作业，施工段之间没有空闲时间。

2. 【答案】A

【解析】该工程流水施工工期 $T=(5+4-1)\times3+1-2=23$ (天)。

考点 5 非节奏流水施工

1. 【答案】C

【解析】计算流水步距的基本步骤是：累加数列→错位相减→取最大值。

2. 【答案】BCE

【解析】非节奏流水施工具有以下特点：

(1) 各施工过程在各施工段上的流水节拍不全相等。

(2) 相邻施工过程的流水步距不尽相等。

(3) 专业工作队数等于施工过程数。

(4) 各专业工作队能够在施工段上连续作业，但有的施工段之间可能有空闲时间。

3. 【答案】C

【解析】根据累加数列错位相减取大差计算得知流水步距分别为 4 和 4，所以，流水施工工期 $T=4+4+(3+2+3+4)=20$ (天)。

第三节 工程网络计划技术

考点 1 工程网络计划类型和编制程序

1. 【答案】B

【解析】按工作持续时间的性质不同，工程网络计划可分为肯定型网络计划、非肯定型网络计划和随机型网络计划。多级网络计划是按网络计划层级不同进行划分。

2. 【答案】ADE

【解析】节点编号有误，存在箭尾节点的编号大于其箭头节点的编号⑤→④；有多个终点节点⑦和⑨；不符合给定逻辑关系。

3. 【答案】B

【解析】选项 A 错误，网络图应只有一个起点节点和一个终点节点（任务中部分工作需要分期完成的网络计划除外）。

选项 C 错误，节点间的连线也可以是虚箭线。

选项 D 错误，箭线由节点引出或引入。

4. 【答案】C

【解析】在双代号网络图中，虚工作表示工作之间的逻辑关系。

5. 【答案】C

【解析】选项 A 错误，应尽量避免网络图中工作箭线的交叉。当交叉不可避免时，可以采用过桥法或指向法处理。

选项 B 错误，关键工作不是必须安排在图画中心。

选项 D 错误，工作箭线也可以竖向画。

6. 【答案】ACDE

【解析】工作 E 的紧前工作为 A、C，选项 B 错误。

7. 【答案】A

【解析】双代号网络图中每一项工作都必须用一条箭线和两个代号表示，而①→②有两条箭线，说明两个不同的工作共用了一个代号。

考点 2 网络计划中的时间参数

1. 【答案】A

【解析】工作的自由时差是指在不影响其紧后工作最早开始时间的前提下，本工作可以利用的机动时间。自由时差等于该工作与其紧后工作之间的时间间隔的最小值。

2. 【答案】A

【解析】选项 A 正确，自由时差等于该工作与其紧后工作之间的时间间隔的最小值，所以，自由时差一定不超过其与紧后工作的间隔时间。

选项 B 错误，与其紧后工作间隔时间均为 0 的工作，总时差不一定为 0。

选项 C 错误，工作的自由时差是 0，总时差不一定是 0。

选项 D 错误，关键节点间的工作，总时差和自由时差一定相等。

考点 3 双代号网络计划时间参数的计算

1. 【答案】C

【解析】网络计划中工作 $i-j$ 的自由时差等于紧后工作的最早开始时间减去本工作的最早完成时间。所以，工作 C 的自由时差＝min｛工作 G 的最早开始时间，工作 H 的最早开始时间｝－工作 C 的最早完成时间。经计算，工作 C 的自由时差＝6－6＝0。

2. 【答案】A

【解析】网络计划中工作 $i-j$ 的自由时差等于紧后工作的最早开始时间减去本工作的最早完成时间。所以，B_2 的自由时差＝min｛18，15｝－15＝0。

3. 【答案】C

【解析】关键线路为①—②—③—⑤—⑥—⑧—⑨—⑩，计算工期为：3＋4＋5＋7＋4＝23（天）。

4. 【答案】ABC

【解析】关键线路为：①—②—③—⑦—⑨—⑩，计算工期为：3＋3＋3＋2＋1＝12（天），只有 1 条关键线路。

选项 D 错误，节点⑤的最早开始时间是第 6 天。

选项 E 错误，虚工作不是多余的，它代表第二个施工段上的支模板和第一个施工段上的绑扎钢筋都结束之后，才能够进行第二个施工段上的绑扎钢筋工作。

5. 【答案】B

【解析】自由时差等于其紧后工作的最早开始时间减去本工作的最早完成时间。工作 A 的紧后工作是工作 B、工作 C、工作 D，工作 F 是工作 D 和工作 C 的紧后工作，由六时标注法得出总工期为 20 天，关键线路为：A→C→F→G，工作 F 的最早开始时间为第 12 天，工作 D 的最早完成时间为第 10 天，所以工作 D 的自由时差为 2 天。

6. 【答案】C

【解析】关键线路为：①—②—③—⑤—⑥—⑦—⑩—⑪—⑫—⑬—⑮；①—②—③—⑤—⑥—⑦—⑩—⑪—⑫—⑬—⑭—⑮，工期为 22 天。

7. 【答案】BCDE

【解析】关键线路为：①—②—③—⑥—⑦，关键工作即为 A、E、I，工作 C 不是关键工作。

考点 4 单代号网络计划时间参数的计算

1. 【答案】A

【解析】关键线路为：①—③—⑥—⑨—⑩，计算工期为：4＋6＋5＝15（天）。

2. 【答案】B

【解析】关键线路为：①—③—⑥—⑦—⑧，计算工期为：4＋10＋7＋5＝26（天）。

3. 【答案】C

【解析】总时差为零的工作为关键工作，即 A_1、B_1、B_2、C_2、C_3、E、G、H、I。从起点节点①节点开始到终点节点⑯节点均为关键工作，且所有工作之间时间间隔为零的线路为关键线路，即①—③—⑤—⑧—⑨—⑪—⑬—⑮—⑯、①—③—⑤—⑧—⑨—⑪—⑬—⑭—⑯，总工期为 22 天。工作 B_2 的最早开始时间为所有紧前工作最早完成时间的最大值，max｛4，5｝＝5（天）。工作 C_2 的最早完成时间＝最早开始时间＋持续时间＝max｛8，7｝＋4＝12（天）。

4. 【答案】BCD

【解析】关键路线只有 1 条：①—③—⑥—⑨—⑩，计算工期为 4＋6＋5＝15（天）。工作 G 的总时差＝15－6－5＝4（天）；工作 G 的自由时差＝15－11＝4（天）；工作 D 的最早完成时间是第 9 天，工作 I 的最早开始时间是第 10 天，有 1 天的时间间隔。工作 H 的自由时差＝15－12＝3（天）。

考点 5 双代号时标网络计划中时间参数的判定

1. 【答案】D

【解析】工作 A 所在的线路①—④—⑤—

⑥—⑦—⑩—⑪，波形线之和最小，为1。所以，工作A有1天的总时差。

2.【答案】ABC

【解析】选项D错误，工作E所在的线路①—②—③—⑦—⑨波形线之和最小，为3，所以，工作E的总时差为3天。

选项E错误，工作G没有波形线，所以，工作G的自由时差为0。

考点6　双代号网络计划中关键工作及关键线路的确定

1.【答案】B

【解析】在双代号网络计划和单代号网络计划中，关键线路是总的工作持续时间最长的线路。本题中的关键线路有四条：A→B→E→H→J、A→B→E→G→I→J、A→C→F→H→J、A→C→F→G→I→J，总的持续时间都是36天。

2.【答案】ADE

【解析】选项B错误，当计划工期等于计算工期时，总时差为零的工作就是关键工作。

选项C错误，在双代号网络计划中，关键线路上的节点称为关键节点。关键节点的最迟时间与最早时间的差值最小。特别地，当计划工期等于计算工期时，关键节点的最早时间与最迟时间必然相等。

3.【答案】C

【解析】总的工作持续时间最长的线路称为关键线路。图中，关键线路一共3条：①—②—⑦—⑧—⑨；①—②—③—④—⑤—⑥—⑧—⑨；①—②—③—⑥—⑧—⑨。工期均为15。

4.【答案】C

【解析】关键线路是工作持续时间最长的线路。经计算，由节点①—②—③—④—⑤—⑥组成的线路工作持续时间最长，为23。

5.【答案】A

【解析】关键线路有3条，分别是：①—②—④—⑥—⑩—⑪；①—③—⑤—⑨—⑪；①—③—④—⑥—⑩—⑪。

考点7　单代号网络计划中关键工作及关键线路的确定

1.【答案】A

【解析】本题中的关键线路为A→C→E→G。关键工作为工作A、工作C、工作E、工作G。

2.【答案】BCD

【解析】选项A错误，单代号网络计划中由关键工作组成的线路不一定是关键线路。

选项E错误，关键线路中可以有虚工作存在。

第四节　施工进度控制

考点1　施工进度计划实施中的检查与分析

1.【答案】B

【解析】当工作实际进度拖后的时间（偏差）超过该工作的自由时差，但未超过该工作的总时差时，则该工作实际进度偏差会影响该工作后续工作的正常进行，但不会影响总工期。

2.【答案】B

【解析】选项B错误，当工作实际进度偏差超过自由时差但未超过总时差时，只会影响后续工作，不会影响总工期。

考点2　实际进度与计划进度比较方法

【答案】DE

【解析】工作进展位置点在检查时标点的左边，进度延误；工作进展位置点在检查时标点的右边，进度超前。根据进度前锋线，工作E提前1天，工作G延误1天，工作H延误2天。工作H的总时差是2天，在第5天末工作H按计划应该已经完成，可实际刚刚开始，说明工作H延误了2天，所以工作H没有机动时间了，选项A错误。

工作E虽然提前1天，但是工作G延误1天，工作H延误2天，按照目前的进度，如果后面的工作都按计划完成，工期不延误也不提前。但是检查点只是瞬时状态，不能

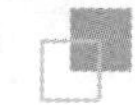

看出检查点之后的工作进度，因此也没有办法判断总工期，选项B错误。

工作H的总时差为2天，第5天末实际延误2天，如果后面的工作可以按计划完成，总工期不变。同上，检查点只是瞬时状态，不能看出检查点之后的工作进度，因此也没有办法判断是否影响总工期，选项C错误。

考点 3 施工进度计划调整方法及措施

【答案】 C

【解析】 技术措施，如改进施工工艺和施工技术，缩短工艺技术间歇时间；采用更先进的施工方式（如将现浇混凝土方案改为预制装配方案），减少施工过程数量；采用更先进的施工机械等。

第四章　施工质量管理

第一节　施工质量影响因素及管理体系

考点1　建设工程固有特性

1. 【答案】ABDE

【解析】选项C错误，固有特性的重要性依据不同工程而有所差异。

2. 【答案】C

【解析】为确保建设工程质量符合相关标准及合同要求，需要掌握工程施工质量影响因素，通过建立和完善质量管理体系，严格执行工程质量标准，制定和实施科学的施工方案，并对施工过程和产出品质量进行动态跟踪检查和控制。

考点2　工程质量形成过程

1. 【答案】C

【解析】在工程保修期限内，任何由勘察、设计、施工、材料等原因造成的质量缺陷，应由施工承包单位负责维修、返工或更换，由责任单位负责赔偿损失。

2. 【答案】B

【解析】建设工程勘察设计是根据投资决策阶段已确定的质量目标和水平，通过工程勘察、设计使其具体化。工程设计在技术上是否可行、工艺是否先进、经济是否合理、设备是否配套、结构是否可靠等，都将决定着工程建成后的功能和使用价值。因此，勘察设计阶段是影响工程质量的决定性阶段。

考点3　工程质量影响因素

1. 【答案】A

【解析】在施工质量管理中，人的因素起决定性的作用。所以，施工质量控制应以控制人的因素为基本出发点。

2. 【答案】BC

【解析】选项A、D属于机械设备影响因素；选项E属于施工作业环境影响因素。

3. 【答案】A

【解析】影响施工质量的主要因素有“人、材料、机械、方法及环境”等五大方面，即4M1E。

4. 【答案】B

【解析】材料包括工程材料和施工用料，又包括原材料、半成品、成品、构配件和周转材料等。各类材料是工程施工的物质条件，材料质量是工程质量的基础，加强对材料的质量控制，是保证工程质量的重要基础。

考点4　质量管理原则及体系文件

1. 【答案】ABCD

【解析】《质量管理体系标准　基础和术语》提出了质量管理的七项原则，内容如下：

(1) 以顾客为关注焦点。

(2) 领导作用。

(3) 全员积极参与。

(4) 过程方法。

(5) 改进。

(6) 循证决策。

(7) 关系管理。

2. 【答案】B

【解析】选项A错误，质量计划是将产品或合同的特定要求与现行质量体系程序联系起来的文件。

选项B正确，程序文件是质量手册的支持性文件，是为落实质量手册要求而规定的细则。

选项C错误，作业指导书是保证过程质量的基础文件，指导具体过程或活动。

选项D错误，质量记录是记载过程状态和结果的文件。

3. 【答案】D

【解析】质量手册是企业战略管理的纲领性文件，也是企业开展各项质量活动的指导性、法规性文件。

4.【答案】C

【解析】作业指导书是程序文件的支持性文件，是保证过程质量的最基础文件，并为开展纯技术性质量活动提供指导。

考点 5 质量管理体系建立

1.【答案】ABCD

【解析】审核与评审的主要内容包括：

(1) 规定的质量方针和质量目标是否可行。

(2) 体系文件是否覆盖了所有主要质量活动，各文件之间的接口是否清楚。

(3) 组织结构能否满足质量管理体系运行的需要，各部门、各岗位的质量职责是否明确。

(4) 质量管理体系要素的选择是否合理。

(5) 规定的质量记录是否能起到见证作用。

(6) 所有职工是否养成了按体系文件操作或工作的习惯，执行情况如何。

2.【答案】ABCE

【解析】现状调查和分析的目的是为了合理地选择质量管理体系要素，内容包括：

(1) 体系情况分析。即分析本组织的质量管理体系情况，以便根据所处的质量管理体系情况选择质量管理体系要素的要求。

(2) 产品特点分析。即分析产品的技术密集程度、使用对象、产品安全特性等，以确定要素的采用程度。

(3) 组织结构分析。即分析组织的管理机构设置是否适应质量体系的需要。应建立与质量体系相适应的组织结构，并确立各机构间隶属关系、联系方法。

(4) 生产设备和检测设备能否适应质量管理体系的有关要求。

(5) 技术、管理和操作人员的组成、结构及水平状况的分析。

(6) 管理基础工作情况分析。

3.【答案】C

【解析】建立、完善质量管理体系一般要经历质量管理体系策划与设计、质量管理体系文件编制、质量管理体系试运行、质量管理体系审核和评审四个阶段，每个阶段又可分为若干具体步骤。

考点 6 质量管理体系运行

1.【答案】ABCE

【解析】质量管理体系运行控制机制包括组织协调、质量监控、质量信息管理、质量管理体系审核和评审等。

2.【答案】BCD

【解析】质量信息管理与质量监控、组织系统工作是紧密联系在一起的。异常信息一般来自质量监控，信息处理则有赖于组织系统工作。三者的有机结合是质量管理体系有效运行的基本保证。

考点 7 质量管理体系认证与监督

1.【答案】D

【解析】选项 A 错误，认证机构在接受申请后需先对申请文件进行审查，符合条件后才会安排现场检查。

选项 B 错误，检查组通常由 2～4 人组成，并不固定为 3 人。

选项 C 错误，在认证暂停期间，企业不得使用质量管理体系认证证书进行宣传。

选项 D 正确，获准认证的企业质量管理体系有效期为 3 年。

2.【答案】C

【解析】发生以下情况时，认证机构将作出认证暂停的决定：

(1) 企业提出暂停。

(2) 监督检查中发现企业质量管理体系存在不符合有关要求的情况，但尚不需要立即撤销认证。

(3) 企业不正确使用注册、证书、标志，但又未采取使认证机构满意的补救措施。

3.【答案】ACE

【解析】发生以下情况时，认证机构将作出认证暂停的决定：

(1) 企业提出暂停。

(2) 监督检查中发现企业质量管理体系存在不符合有关要求的情况，但尚不需要立即撤销认证。

(3) 企业不正确使用注册、证书、标志，但又未采取使认证机构满意的补救措施。

4.【答案】A

【解析】当获证企业发生质量管理体系存在严重不符合规定，或在认证暂停的规定期限未予整改的，或发生其他构成撤销体系认证资格情况时，认证机构作出撤销认证的决定。企业不服的，可提出申诉。撤销认证的企业一年后可重新提出认证申请。

考点 8 施工质量保证体系的作用及内容

1.【答案】D

【解析】施工质量保证体系是指可以向建设单位（业主）证明，施工单位具有足够的管理和技术上的能力，保证全部施工是在严格的质量管理中完成，从而取得建设单位（业主）的信任。

2.【答案】B

【解析】工程项目施工质量计划按内容分为施工质量工作计划和施工质量成本计划。

3.【答案】AC

【解析】工作保证体系主要是明确工作任务和建立工作制度，并在施工准备阶段、施工阶段、竣工验收阶段予以落实。在施工准备阶段，要完成各项技术准备工作，进行技术交底和技术培训，制订相应的技术管理制度；按质量控制和检查验收需要，对工程项目进行划分并分级编号；建立工程测量控制网和测量控制制度；进行施工平面设计，建立施工场地管理制度；建立健全材料、机械管理制度等。

选项B属于组织保证体系；选项D、E属于施工阶段的工作。

考点 9 施工质量的"三全控制"

1.【答案】ABC

【解析】"三全控制"包括全面质量控制、全过程质量控制、全员参与质量控制。

2.【答案】C

【解析】全员参与质量控制落实全面质量管理不可或缺的重要手段，就是目标管理。

第二节 施工质量抽样检验和统计分析方法

考点 1 施工质量抽样检验

【答案】C

【解析】系统随机抽样是将总体中的抽样单元按某种次序排列，在规定的范围内随机抽取一个或一组初始单元，然后按一套规则确定其他样本单元的抽样方法。

考点 2 施工质量检验方法

1.【答案】B

【解析】选项A错误，度量检测法主要通过度量来检测工程质量。

选项B正确，电性能检测法用于检测电器设备和材料性能。

选项C错误，机械性能检测法用于检测材料或构件的机械性能。

选项D错误，无损检测法用于在不损坏被检物的前提下检测内部缺陷。

2.【答案】C

【解析】选项A错误，度量检测法主要用于现场度量检测。

选项B错误，电性能检测法主要用于电器设备和材料的电性能检测。

选项C正确，机械性能检测法由于需要使用专用仪器且技术性强，常需要送至专业机构进行检测。

选项D错误，无损检测法是在不损坏被检物的前提下进行的检测，不一定要送到外部机构进行检测。

考点 3 分层法

【答案】A

【解析】分层法是指将调查收集的原始数据，根据不同的目的和要求，按某一性质进行分组整理的分析方法。每组就称为一层，因此，分层法又称为分类法或分组法。分层的结果是使各层间数据的差异突显出来，在此基础上进行层间、层内的比较分析，可以更深入地发现和认识质量问题及其产生原因。

直方图法用于描述数据的分布情况，虽可辅助分析，但不是首选。

排列图法主要用于分析影响质量的主次因素，不针对层间差异。

控制图法用于监控质量变化，不适用于初步分层整理数据。

考点4 调查表法

【答案】B

【解析】调查表法往往会与分层法结合起来应用，可以更好、更快地找出问题的原因，以便采取改进措施。

考点5 因果分析图法

【答案】A

【解析】应用因果分析图法进行质量特性因果分析时，应注意以下几点：

(1) 一个质量特性或一个质量问题使用一张图分析。

(2) 通常采用QC小组活动的方式进行，集思广益，共同分析。

(3) 必要时可邀请QC小组以外的有关人员参与，广泛听取意见。

(4) 分析时要充分发表意见，层层深入，排除所有可能的原因。

(5) 在充分分析的基础上，由各参与人员采用投票或其他方式，从中选择1～5项多数人达成共识的最主要原因。

考点6 排列图法

1. 【答案】ACE

【解析】在实际应用中，一般将累计频率在0～80%范围内的因素定为A类因素，即主要因素；累计频率在80%～90%范围内的因素定为B类因素，即次要因素；累计频率在90%～100%范围内的因素定为C类因素，即一般因素。A类因素是需要加强控制、重点管理的对象；对B类因素可按常规管理；对C类因素则可放宽管理，以利于将主要精力放在改善A类因素上。

2. 【答案】A

【解析】在实际应用中，一般将累计频率在0～80%范围内的因素定为A类因素，即主要因素；A类因素是需要加强控制、重点管理的对象。

考点7 相关图法

1. 【答案】A

【解析】选项A正确，正相关对应于散布点基本形成由左至右向上变化的一条直线带，该情况下变量x与变量y有较强的制约关系。

选项B错误，弱正相关指的是散布点形成向上较分散的直线带，与题干描述不符。

选项C错误，不相关是指散布点形成一团或平行于x轴的直线带，而题干中描述的是有一定的变化趋势。

选项D错误，负相关是指散布点形成由左至右向下的一条直线带，与题干描述相反。

2. 【答案】ABCE

【解析】选项A正确，随机收集的数据点一般不得少于30个，以便绘制一个可靠的相关图。

选项B正确，直角坐标图中的纵横坐标均为变量，可以是两个质量特性，也可以是两个影响因素。

选项C正确，散布图中的点集合确实可以反映两种数据之间的散布状况，这是分析相关性的基础。

选项D错误，正相关散布图中点基本形成由左至右向上变化的一条直线带。

选项E正确，非线性相关散布图中的点呈一曲线带，即在一定范围内x增加，y也增加；超过这个范围后，x增加，y则有下降趋势，或改变变动的斜率呈曲线形态。

考点8 直方图法

1. 【答案】A

【解析】折齿型分布，多数是由于做频数表时，分组不当或组距确定不当所致。少量材料不合格或短时间内工人操作不熟练，会造成孤岛型分布。数据分类不当，会造成双峰型分布。

2. 【答案】B

【解析】在图（d）中，B 在 T 中间，质量分布中心与质量标准中心 M 正好重合，两侧还有一定余地，表明工序质量稳定，不会出废品。

考点 9 控制图法

【答案】D

【解析】选项A错误，分层法需要将原始数据按某一性质进行分组整理。

选项B错误，排列图法又称为主次因素分析法或帕累托图法，是用来分析影响质量主次因素的有效方法。

选项C错误，直方图是用来反映产品质量数据分布状态和波动规律的统计分析方法。

选项D正确，控制图法可以用于在施工过程中实时监控工程质量的变化。

第三节 施工质量控制

考点 1 施工准备的质量控制

1. 【答案】B

【解析】施工准备工作基本要求：

(1) 施工准备工作应有组织、有计划，分阶段有步骤地进行。

(2) 要建立严格的施工准备工作责任制及相应的检查制度。

(3) 要坚持按工程建设程序办事，严格执行开工报告制度。

(4) 施工准备工作必须贯穿于施工全过程。

(5) 施工准备工作要取得各相关单位的支持与配合。

2. 【答案】C

【解析】施工组织设计由施工单位编制，并应报项目监理机构审查，由总监理工程师签认。

3. 【答案】D

【解析】编写项目结束报告不是施工现场准备的内容，而是在工程完工或项目结束时撰写的文档。

考点 2 材料、构配件质量控制及施工机械配置的控制

1. 【答案】B

【解析】装配式混凝土预制构件出厂时的混凝土强度不得低于设计混凝土强度等级值的75%。

2. 【答案】ABD

【解析】施工机械设备质量控制主要围绕施工机械设备的选型、机械设备性能参数的确定、机械设备数量、使用操作等方面进行。

考点 3 作业技术准备状态的控制

1. 【答案】C

【解析】技术交底书应由施工项目技术人员编制，并经项目技术负责人批准实施。

2. 【答案】A

【解析】施工技术参数：如混凝土的外加剂掺量、水胶比、坍落度、抗压强度、回填土含水量、防水混凝土抗渗等级、大体积混凝土内外温差及混凝土冬期施工受冻临界强度、装配式混凝土预制构件出厂时的强度等技术参数，都属于应重点控制的质量参数与指标。

考点 4 作业技术活动过程质量控制

【答案】C

【解析】施工单位在对进场材料、试块、试件、钢筋接头等实施见证取样前，要通知负责见证取样的监理人员。在监理人员现场监督下，施工单位按相关规范要求，完成材料、试块、试件等的取样过程。完成取样后，施工单位将送检样品装入木箱，由监理人员加封。

考点5 作业技术活动结果控制

1. 【答案】C

【解析】选项A错误，施工单位需要对隐蔽工程进行自检，并在自检合格后填写《隐蔽工程报验申请表》。

选项B错误，项目监理机构需要在合同规定的时间内到现场检查。

选项C正确，项目监理机构在现场检查发现隐蔽工程质量不合格时，应发出整改通知。

选项D错误，在隐蔽工程验收合格后，项目监理机构需要在《隐蔽工程报验申请表》上签字确认。

2. 【答案】ABDE

【解析】选项A、B、D、E都是关于隐蔽工程验收流程的描述。

选项C错误，施工单位不能自行确认质量并进行隐蔽，必须经过项目监理机构的检查和确认。

考点6 施工质量验收一般规定

1. 【答案】C

【解析】选项A错误，施工组织是检验批的划分依据。

选项B错误，按楼层、施工段划分是检验批的划分原则。

选项C正确，分项工程根据工种、材料、施工工艺、设备类别划分。

选项D错误，这是单位工程的划分原则。

2. 【答案】A

【解析】检验批应根据施工组织、质量控制和专业验收需要，按工程量、楼层、施工段划分，检验批抽样数量应符合有关专业验收标准的规定。

考点7 施工质量验收要求

1. 【答案】AD

【解析】分项工程质量验收合格应符合下列规定：

(1) 所含检验批的质量应验收合格。

(2) 所含检验批的质量验收记录应完整、真实。

2. 【答案】BCD

【解析】分部工程质量验收合格应符合下列规定：

(1) 所含分项工程的质量应验收合格。

(2) 质量控制资料应完整、真实。

(3) 有关安全、节能、环境保护和主要使用功能的抽样检验结果应符合要求。

(4) 观感质量应符合要求。

考点8 施工质量验收组织

1. 【答案】C

【解析】分部工程应由总监理工程师组织施工单位项目负责人和项目技术负责人等进行验收。

2. 【答案】D

【解析】分项工程应由专业监理工程师组织施工单位项目专业技术负责人等进行验收。

3. 【答案】ACE

【解析】勘察、设计单位项目负责人和施工单位技术、质量部门负责人应参加地基与基础分部工程验收；设计单位项目负责人和施工单位技术、质量部门负责人应参加主体结构、节能分部工程验收。

考点9 工程质量保修

1. 【答案】B

【解析】工程使用说明书应包括下列内容：

(1) 工程概况。

(2) 工程设计合理使用年限、性能指标及保修期限。

(3) 主体结构位置示意图、房屋上下水布置示意图、房屋电气线路布置示意图及复杂设备的使用说明。

(4) 使用维护注意事项。

2. 【答案】B

【解析】选项A错误，一般质量缺陷并不直接导致拆除重建，该举动没有考虑成本和时间效率。

选项B正确，发现一般质量缺陷，应首先向

施工单位发出保修通知。

选项C错误，建设单位自行修复不符合工程质量保修的规定程序。

选项D错误，涉及结构安全或影响使用功能的严重质量缺陷，才需要通知设计单位提出保修设计方案，一般质量缺陷的保修无需设计单位参与。

第四节 施工质量事故预防与调查处理

考点1 施工质量事故分类

1. 【答案】C

【解析】选项A、B、D都属于操作责任事故。

2. 【答案】A

【解析】操作责任事故：工程施工过程中，由于操作人员违规操作造成的质量事故，如土方工程中不按规定的填土含水率和碾压遍数施工；浇筑混凝土时随意加水；工序操作中不按操作规程进行操作等原因造成的质量事故。

3. 【答案】B

【解析】因技术原因引发的质量事故：在工程实施过程中，由于设计、施工技术上的失误而造成的质量事故。主要包括：结构设计计算错误；地质情况估计错误；盲目采用技术上未成熟、实际应用中未得到充分实践检验验证其可靠的新技术；采用不适宜的施工方法或工艺等引发的质量事故。

4. 【答案】C

【解析】因管理原因引发的质量事故：由于管理不完善或失误而引发的质量事故。主要包括：施工单位的质量管理体系不完善；质量检验制度不严密，质量控制不严；质量管理措施落实不力；检测仪器设备管理不善而失准；进料检验不严格等引发的质量事故。

5. 【答案】B

【解析】特别重大事故，是指造成30人以上死亡，或者100人以上重伤，或者1亿元以上直接经济损失的事故。注意："以上"包括本数，"以下"不包括本数。

6. 【答案】ABD

【解析】根据工程质量事故造成的人员伤亡或者直接经济损失，工程质量事故分为4个等级：

(1) 特别重大事故，是指造成30人以上死亡，或者100人以上重伤，或者1亿元以上直接经济损失的事故。

(2) 重大事故，是指造成10人以上30人以下死亡，或者50人以上100人以下重伤，或者5000万元以上1亿元以下直接经济损失的事故。

(3) 较大事故，是指造成3人以上10人以下死亡，或者10人以上50人以下重伤，或者1000万元以上5000万元以下直接经济损失的事故。

(4) 一般事故，是指造成3人以下死亡，或者10人以下重伤，或者100万元以上1000万元以下直接经济损失的事故。

考点2 施工质量事故预防

1. 【答案】B

【解析】严格遵循和坚持按工程建设程序办事是提高工程建设质量和经济效果的必要保证。要做好项目建设前期的可行性论证，杜绝未经深入的调查分析和科学论证就盲目拍板定案；要彻底搞清工程地质水文条件方可开工；杜绝无证设计、无图施工；禁止任意修改设计和不按图纸施工；工程竣工不进行试车运转、不经验收不得交付使用。

2. 【答案】C

【解析】施工质量事故预防措施：

(1) 坚持按工程建设程序办事。

(2) 做好必要的技术复核、技术核定工作。

(3) 严格把好建筑材料及制品的质量关。

(4) 加强质量培训教育，提高全员质量意识。

(5) 加强施工过程组织管理。施工技术措施要正确，施工顺序不可搞错。

(6) 做好应对不利施工条件和各种灾害的

预案。

(7) 加强施工安全与环境管理。

考点 3 施工质量事故调查处理

1. **【答案】**ABDE

【解析】施工质量施工处理基本要求：

(1) 事故处理要达到安全可靠、不留隐患、满足生产和使用要求、施工方便、经济合理的目的。

(2) 要重视消除造成质量事故的原因，注意综合治理。

(3) 要合理确定处理范围和正确选择处理的时机和方法。

(4) 要加强事故处理的检查验收工作，认真复查事故处理的实际情况。

(5) 要确保事故处理期间的安全。

2. **【答案】**A

【解析】事故处理的鉴定验收：质量事故的处理是否达到预期的目的，是否依然存在隐患，应当通过检查鉴定和验收作出确认。

3. **【答案】**D

【解析】未造成人员伤亡的一般事故，县级人民政府也可以委托事故发生单位组织事故调查组进行调查。

选项A、B均造成人员伤亡；选项C属于较大事故；选项D属于一般事故。

4. **【答案】**D

【解析】下一道工序可以弥补的质量缺陷一般可不做专门处理。例如，混凝土结构表面的轻微麻面，可通过后续的抹灰、刮涂、喷涂等弥补，也可不做处理。再如，混凝土现浇楼面的平整度偏差达10mm，但由于后续垫层和面层的施工可以弥补，所以也可不做处理。

5. **【答案】**ABCD

【解析】一般可不作专门处理的情况有以下几种：

(1) 不影响结构安全、生产工艺和使用要求的质量缺陷。

(2) 下一道工序可以弥补的质量缺陷。

(3) 法定检测单位鉴定合格的工程。

(4) 出现质量缺陷的工程，经检测鉴定达不到设计要求，但经原设计单位核算，仍能满足结构安全和使用功能的。

第五章　施工成本管理

第一节　施工成本影响因素及管理流程

考点 1　施工成本分类

1. 【答案】A

【解析】直接成本是指工程施工过程中直接耗费的构成工程实体或有助于工程实体形成的各项支出，包括人工费、材料费、施工机具使用费和措施费。

2. 【答案】D

【解析】办公费、管理人员工资和固定资产折旧在一定期间和工程量范围内保持不变，符合固定成本的定义。材料费随工程量的增减而变化，属于变动成本。

考点 2　施工成本影响因素

1. 【答案】C

【解析】现场管理能力高低直接关系到施工成本，现场管理能力低，容易引起返工、返修、材料浪费、工人窝工、机械闲置等现象，导致施工成本增加。

2. 【答案】D

【解析】施工质量的不达标或低质量将增加修复和重建成本、返工和修正成本、监测和测试费用、低效和浪费成本、维护和修理成本，以及客户满意度和声誉成本。

考点 3　施工成本管理流程

1. 【答案】C

【解析】施工成本管理流程包括成本计划、成本控制、成本分析以及成本管理绩效考核四个环节。

2. 【答案】D

【解析】施工成本管理各环节是一个有机联系与相互制约的系统过程。成本计划是开展成本控制和分析的基础，也是成本控制的主要依据；成本控制能对成本计划的实施进行监督，保证成本计划的实现；成本分析是对成本计划是否实现进行的检查，并为成本管理绩效考核提供依据；成本管理绩效考核是实现责任成本目标的保证和手段。

第二节　施工定额的作用及编制方法

考点 1　施工定额的作用和分类

1. 【答案】D

【解析】施工定额是以某一施工过程或基本工序作为研究对象，表示生产产品数量与生产要素消耗综合关系的定额。施工定额是施工企业（建筑安装企业）为组织生产和加强管理而在企业内部使用的一种定额。

2. 【答案】A

【解析】施工定额是工程建设定额中分项最细、定额子目最多的一种定额，也是建设工程定额中的基础性定额。

3. 【答案】D

【解析】施工定额是施工企业（建筑安装企业）为组织生产和加强管理在企业内部使用的一种定额，属于企业定额的性质。

考点 2　施工定额编制原则及编制前准备工作

1. 【答案】B

【解析】施工定额水平必须遵循平均先进的原则。所谓平均先进水平，是指在正常的生产条件下，多数施工班组或生产者经过努力可以达到，少数班组或劳动者可以接近，个别班组或劳动者可以超过的水平。通常平均先进水平低于先进水平，略高于平均水平。

2. 【答案】D

【解析】编制施工定额是一项非常复杂的工作，事先必须做好充分准备和全面规划。编制前的准备工作一般包括：明确编制任务和指导思想；系统整理和研究日常积累的定额基本资料；拟定定额编制方案，确定定额水平、定额步距、表达方式等。

考点 3 人工定额的编制

1.【答案】A

【解析】技术测定法是根据生产技术和施工组织条件，对施工过程中各工序采用测时法、写实记录法、工作日写实法，测出各工序的工时消耗等资料，再对所获得的资料进行科学分析，制定出人工定额的方法。

2.【答案】ACD

【解析】施工作业的定额时间，是在拟定基本工作时间、辅助工作时间、准备与结束时间、不可避免的中断时间，以及休息时间的基础上编制的。

3.【答案】D

【解析】施工作业的定额时间，是在拟定基本工作时间、辅助工作时间、准备与结束时间、不可避免的中断时间，以及休息时间的基础上编制的。选项 A、B、C 属于损失时间。

4.【答案】ABDE

【解析】损失时间中包括多余和偶然工作、停工、违背劳动纪律所引起的损失时间。其中，多余工作的工时损失，一般都是由于工程技术人员和工人的差错而引起的，因而不应计入定额时间。违背劳动纪律造成的工作时间损失，是指工人在工作班开始和午休后的迟到、午饭前和工作班结束前的早退、擅自离开工作岗位、工作时间内聊天或办私事等造成的工时损失。因施工工艺特点引起的工作中断时间属于不可避免的中断时间，是必需消耗的工作时间。

考点 4 材料消耗定额的编制

1.【答案】D

【解析】材料损耗率可以通过观察法或统计法计算确定。

2.【答案】B

【解析】摊销量是指周转材料退出使用，应分摊到每一计量单位的结构构件的周转材料消耗量，供施工企业成本核算或投标报价使用。

3.【答案】ABCE

【解析】材料净用量确定方法：

(1) 理论计算法。

(2) 测定法。

(3) 图纸计算法。

(4) 经验法。

4.【答案】B

【解析】损耗率＝损耗量/净用量×100%。

5.【答案】ABCD

【解析】材料按其使用性质、用途和用量大小划分为四类：

(1) 主要材料，是指直接构成工程实体的材料。

(2) 辅助材料，是指直接构成工程实体，但比重较小的材料。

(3) 周转性材料，又称工具性材料，是指施工中多次使用但并不构成工程实体的材料，如模板、脚手架等。

(4) 零星材料，指用量小、价值不大、不便计算的次要材料，可用估算法计算。

6.【答案】ABCD

【解析】周转性材料消耗一般与下列因素有关：

(1) 第一次制造时的材料消耗（一次使用量）。

(2) 每周转使用一次材料的损耗（第二次使用时需要补充）。

(3) 周转使用次数。

(4) 周转材料的最终回收及其回收折价。

考点 5 施工机具消耗定额的编制

1.【答案】CDE

【解析】施工机械必需消耗的工作时间，包括有效工作时间、不可避免的无负荷工作时间和不可避免的中断工作时间三项。而有效工作时间中又包括正常负荷下的工时消耗和有根据地降低负荷下的工时消耗。

2.【答案】B

【解析】施工机械台班产量定额＝机械净工作1h生产率×工作班延续时间×机械利用系数。

3.【答案】C

【解析】施工机械产量定额和时间定额互为倒数关系。

4.【答案】A

【解析】施工机械台班产量定额＝机械净工作1h生产率×工作班延续时间×机械利用系数＝0.6×60/3×8×0.85≈82（m^3/台班）。

第三节　施工成本计划

考点1　施工责任成本构成

1.【答案】B

【解析】施工责任成本的四个条件包括可考核性、可预计性、可计量性及可控制性。

2.【答案】B

【解析】一般由商务部门组织进行标价分离、完成施工成本测算，协调相关部门编制施工成本降低率。

考点2　施工成本计划的类型

1.【答案】A

【解析】指导性成本计划是选派项目经理阶段的预算成本计划，是项目经理的责任成本目标。它是以合同价为依据，按照企业定额标准制定的施工成本计划，用以确定施工责任成本。

2.【答案】BD

【解析】竞争性成本计划是指在施工投标及签订合同阶段的估算成本计划。

3.【答案】D

【解析】实施性成本计划即项目施工准备阶段的施工预算成本计划，它是以项目实施方案为依据，以落实项目经理责任目标为出发点，根据企业施工定额编制的施工成本计划。

考点3　施工成本计划的编制依据和程序

1.【答案】ACDE

【解析】成本计划的编制依据包括：

（1）合同文件。

（2）项目管理实施规划。

（3）相关设计文件。

（4）价格信息。

（5）相关定额。

（6）类似项目的成本资料。

2.【答案】B

【解析】成本计划的编制程序：

（1）预测项目成本。

（2）确定项目总体成本目标。

（3）编制项目总体成本计划。

（4）项目管理机构与企业职能部门根据其责任成本范围，分别确定各自成本目标，并编制相应的成本计划。

（5）针对成本计划制定相应的控制措施。

（6）由项目管理机构与企业职能部门负责人分别审批相应的成本计划。

考点4　施工成本计划编制方法

1.【答案】B

【解析】前3月累积成本为750万元，前4月累积成本为1150万元，则4月份计划成本＝1150－750＝400（万元）。

2.【答案】B

【解析】按项目结构编制施工成本计划的方法：大中型工程项目通常是由若干单项工程构成的，而每个单项工程包括了多个单位工程，每个单位工程又是由若干个分部分项工程所构成。因此，首先要把项目总施工成本分解到单项工程和单位工程中，再进一步分解到分部工程和分项工程中。

3.【答案】C

【解析】编制施工成本支出计划时，要在项目总体层面上考虑总的预备费，也要在主要分项工程中安排适当的不可预见费。

4.【答案】C

【解析】第6月末计划成本累计值＝100＋200＋400＋600＋800＋900＝3000（万元），实际成本累计值＝100＋200＋400＋600＋

800＋1000＝3100（万元）。

第8月末计划成本累计值＝100＋200＋400＋600＋800＋900＋800＋600＝4400（万元），实际成本累计值＝100＋200＋400＋600＋800＋1000＋800＋700＝4600（万元）。

5.【答案】AD

【解析】施工成本可以按成本构成分解为人工费、材料费、施工机具使用费、企业管理费等。

6.【答案】B

【解析】第1月末计划累计成本支出是10万元；第2月末计划累计成本支出＝10＋10＋20＝40（万元）；第3月末计划累计成本支出＝40＋10＋20＋15＋30＝115（万元）；第4月末计划累计成本支出＝115＋20＋15＋30＝180（万元）；第5月末计划累计成本支出＝180＋20＋15＋30＋25＝270（万元）。

第四节　施工成本控制

考点1　施工成本控制过程

1.【答案】D

【解析】选项A、B错误，管理行为控制是对施工成本全过程控制的基础，指标控制则是成本控制的重点。

选项C错误，施工成本控制过程可分为两类：一是管理行为控制过程；二是指标控制过程。

2.【答案】A

【解析】施工成本指标控制程序如下：

(1) 确定成本管理分层次目标。

(2) 采集成本数据，监测成本形成过程。

(3) 找出偏差，分析原因。

(4) 制定对策，纠正偏差。

(5) 调整改进成本管理方法。

3.【答案】A

【解析】管理行为控制的目的是确保每个岗位人员在成本管理过程中的管理行为符合事先确定的程序和方法的要求。从这个意义上讲，首先要清楚企业建立的成本管理体系是否能对成本形成的过程进行有效地控制，其次要考察体系是否处在有效的运行状态。

考点2　施工成本过程控制方法

1.【答案】C

【解析】材料费控制按照“量价分离”原则，控制材料用量和材料价格。

2.【答案】ACD

【解析】施工机具使用费主要由台班数量和台班单价两方面决定，因此为有效控制施工机具使用费支出，应主要从台班数量和台班单价两个方面进行控制。台班数量：

(1) 根据施工方案和现场实际情况，选择适合项目施工特点的施工机械，制定设备需求计划，合理安排施工生产，充分利用现有机械设备，加强内部调配，提高机械设备的利用率。

(2) 保证施工机械设备的作业时间，安排好生产工序的衔接，尽量避免停工、窝工，尽量减少施工中所消耗的机械台班数量。

(3) 核定设备台班定额产量，实行超产奖励办法，加快施工生产进度，提高机械设备单位时间的生产效率和利用率。

(4) 加强设备租赁计划管理，减少不必要的设备闲置和浪费，充分利用社会闲置机械资源。

选项B、E属于台班单价的控制措施。

3.【答案】A

【解析】包干控制：在材料使用过程中，对部分小型及零星材料（如钢钉、钢丝等）根据工程量计算出所需材料量，将其折算成费用，由作业者包干使用。

考点3　成本动态监控的方法

1.【答案】A

【解析】该工程此时的费用绩效指数＝2000/2300＝0.87。

2.【答案】D

【解析】选项A错误，已完工程实际费用＝3000×26＝78000（元）。

选项 B 错误，费用绩效指数＝75000/78000＜1，表示实际费用超支。

选项 C 错误，进度绩效指数＝75000/70000＞1，表示实际进度提前。

选项 D 正确，费用偏差＝75000－78000＝－3000（元），为负值，表示实际费用超出预算费用。

3.【答案】B

【解析】$SV=BCWP-BCWS=980-820=$160（万元）。

4.【答案】A

【解析】费用偏差＝已完工程预算费用－已完工程实际费用＝3000×560－3000×600＝－120000（元）＝－12（万元）。

5.【答案】D

【解析】在 t_1 时点，已完工程实际费用大于已完工程预算费用，说明费用超支；已完工程预算费用大于拟完工程预算费用，说明进度提前。

6.【答案】D

【解析】项目经理部通过在混凝土拌合物中加入添加剂的方法以降低水泥消耗量属于技术措施。

7.【答案】DE

【解析】选项 A 属于技术措施；选项 B、C 属于组织措施。

第五节　施工成本分析与管理绩效考核

考点 1　施工成本分析的内容和步骤

1.【答案】D

【解析】成本分析方法应遵循下列步骤：

（1）选择成本分析方法。

（2）收集成本信息。

（3）进行成本数据处理。

（4）分析成本形成原因。

（5）确定成本结果。

2.【答案】BCDE

【解析】会计核算主要是价值核算，而不是成本核算。业务核算的特点是对个别的经济业务进行单项核算。会计和统计核算一般是对已经发生的经济活动进行核算。会计核算形成的会计记录具有连续性、系统性、综合性等特点，所以它是施工成本分析的重要依据。业务核算的范围比会计、统计核算要广。

3.【答案】B

【解析】业务核算的目的在于迅速取得资料，以便在经济活动中及时采取措施进行调整。预测成本变化发展的趋势和计算当前的实际成本水平均属于统计核算的内容；记录企业的一切生产经营活动属于会计核算的内容。

考点 2　施工成本分析的基本方法

1.【答案】ACDE

【解析】分析成本增加的原因：

（1）分析对象是商品混凝土的成本，实际成本与目标成本的差额为：850×640×1.03－800×600×1.05＝56320（元）。

（2）以目标数 504000 元（＝800×600×1.05）为分析替代的基础：

第一次替代产量因素，以 850m³ 替代 800m³，850×600×1.05＝535500（元）；

第二次替代单价因素，以 640 元/m³ 替代 600 元/m³，并保留上次替代后的值，850×640×1.05＝571200（元）；

第三次替代损耗率因素，以 1.03 替代 1.05，并保留上两次替代后的值，850×640×1.03＝560320（元）。

（3）计算差额：

第一次替代与目标数的差额＝535500－504000＝31500（元）；

第二次替代与第一次替代的差额＝571200－535500＝35700（元）；

第三次替代与第二次替代的差额＝560320－571200＝－10880（元）。

（4）产量增加使成本增加了 31500 元，单价提高使成本增加了 35700 元，而损耗率下降使成本减少了 10880 元。

（5）各因素的影响程度之和＝31500＋35700－

10880＝56320（元），和实际成本与目标成本的总差额相等。

2.【答案】ACD

【解析】选项A正确，比较法通过技术经济指标的对比，检查目标的完成情况，分析产生差异的原因。

选项B错误，差额计算法是因素分析法的一种简化形式，它利用各个因素的目标值与实际值的差额计算其对成本的影响程度。

选项C正确，因素分析法可用来分析各种因素对成本的影响程度。

选项D正确，动态比率法是将同类指标不同时期的数值进行对比，求出比率，以分析该项指标的发展方向和发展速度。

选项E错误，相关比率法：由于项目经济活动的各个方面是相互联系、相互依存、相互影响的，因而可以将两个性质不同而又相关的指标加以对比，求出比率，并以此来考察经营成果的好坏。

3.【答案】ADE

【解析】常用的比率法有相关比率法、构成比率法、动态比率法。

4.【答案】A

【解析】比较法可通过技术经济指标的对比，检查目标的完成情况，分析产生差异的原因，进而挖掘降低成本的方法。

考点3 综合成本分析方法

1.【答案】ABD

【解析】选项C错误，由于施工项目包括很多分部分项工程，无法也没有必要对每一个分部分项工程都进行成本分析。但是，对于主要分部分项工程必须进行成本分析。

选项E错误，分部分项工程成本分析的方法是：进行预算成本、目标成本和实际成本的“三算”对比，分别计算实际偏差和目标偏差，分析偏差产生的原因，为今后的分部分项工程成本寻求节约途径。

2.【答案】C

【解析】如果是属于规定的“政策性”亏损，则应从控制支出着手，把超支额压缩到最低限度。

3.【答案】C

【解析】年度成本分析的内容，除了月（季）度成本分析的六个方面以外，重点是针对下一年度的施工进展情况制定切实可行的成本管理措施，以保证施工项目成本目标的实现。

4.【答案】C

【解析】单位工程竣工成本分析，应包括以下三方面内容：

（1）竣工成本分析。

（2）主要资源节超对比分析。

（3）主要技术节约措施及经济效果分析。

5.【答案】CE

【解析】分部分项工程成本分析资料来源：预算成本来自投标报价成本，目标成本来自施工预算，实际成本来自施工任务单的实际工程量、实耗人工和限额领料单的实耗材料。

考点4 成本项目分析方法

1.【答案】ABC

【解析】材料的储备资金是根据材料单价、日平均用量、储备天数计算的。

2.【答案】ABCD

【解析】材料费分析包括：

（1）主要材料和结构件费用的分析。

（2）周转材料使用费分析。

（3）采购保管费分析。

（4）材料储备资金分析。

考点5 施工成本管理绩效考核的内容及指标

1.【答案】A

【解析】项目施工成本降低率＝项目施工成本降低额/项目施工合同成本×100％＝（1000－800）/1000×100％＝20％。

2.【答案】A

【解析】企业的项目成本考核指标：

（1）项目施工成本降低额＝项目施工合同成

本一项目实际施工成本。

(2) 项目施工成本降低率=项目施工成本降低额/项目施工合同成本×100%。

考点 6 施工成本管理绩效考核方法

1. **【答案】** B

【解析】 360°反馈法的优点如下：

(1) 提高考核准确性。

(2) 促进个体发展。

(3) 增强部门合作。

选项B是360°反馈法的缺点。

2. **【答案】** D

【解析】 关键绩效指标（KPIs）主要用于量化指标的考核；360°反馈法是针对个人的全方位评价；PDCA管理循环法是一个持续改进的过程管理方法；平衡积分卡可以从财务绩效、客户满意度、内部流程效率、学习与成长四个不同维度进行绩效考核，符合题干描述。

3. **【答案】** AB

【解析】 PDCA管理循环法的优点：

(1) 提高管理成效。

(2) 增强部门协作。

考核时间和成本较高是360°反馈法的缺点；提高考核准确性是360°反馈法和平衡积分卡的优点；促进个体发展是360°反馈法的优点。

第六章　施工安全管理

第一节　职业健康安全管理体系

考点 1　职业健康安全管理体系标准

1. 【答案】D

【解析】系统化管理通过三个方面实现：

(1) 组织职责系统化。组织内每一层次的工作人员均应为其所控制部分承担职业健康安全管理职责。

(2) 风险管控系统化。强调应从组织内部和外部、人的行为和物的因素、研发和生产全过程等不同角度进行危险源辨识，将相关风险因素进行系统管控。

(3) 管理过程系统化。从危险源辨识、风险评价到风险应对、跟踪监视、评审和改进，均应建立、实施和保持相应的管控过程。

2. 【答案】ABD

【解析】选项 C 错误，标准虽然未规定具体的职业健康安全绩效准则，但提供了对方针、目标和管理体系要素的要求。

选项 E 错误，标准没有强制性要求实现特定的职业健康安全绩效目标。

考点 2　职业健康安全管理体系的建立

1. 【答案】B

【解析】领导决策和承诺包括对防止与工作相关的伤害和健康损害，以及提供健康安全的工作场所和活动全面负责并承担责任。选项 A、C、D 均为职业健康安全管理体系建立的其他阶段。

2. 【答案】C

【解析】初始（状态）评审的主要目的是了解组织的职业健康安全及其管理现状，评价其与职业健康安全管理标准要求的符合性，为组织建立职业健康安全管理体系搜集信息并提供依据，因而是建立职业健康安全管理体系的基础工作。

考点 3　职业健康安全管理体系的运行

1. 【答案】B

【解析】对不符合标准的情形要及时采取有效的纠正和预防措施。在职业健康安全管理体系的运行过程中，不符合情况的出现是不可避免的，包括事故、事件也难免要发生，关键是相应的纠正与预防措施是否及时和有效，以保证今后不出现或少出现类似的不符合、事故、事件，保证职业健康安全管理体系的充分、有效运行。

2. 【答案】C

【解析】选项 A 错误，内部审核的目的是为了检查与确认管理体系各要素是否按照计划有效实施，对管理体系是否正常运行及是否达到规定的目标等所进行的系统、独立的检查和评价，是职业安全健康管理体系的一种自我保证手段。

选项 B 错误，内部审核由管理者代表组织实施，由组织的内审员参与，必要时也可请外单位有审核资格的人员参加。

选项 D 错误，常规内审一般每年一次，应定期进行。

第二节　施工生产危险源与安全管理制度

考点 1　危险源分类及其控制

1. 【答案】C

【解析】第一类危险源是固有的能量或危险物质，主要采用技术手段加以控制，包括消除能量源、约束或限制能量（针对生产过程不能完全消除的能量源）、屏蔽隔离、防护等技术手段，同时应落实应急预案的保障措施。

2. 【答案】A

【解析】第二类危险源是指导致能量或危险

物质约束或限制措施破坏或失效，以及防护措施缺乏或失效的因素，包括物的不安全状态（危险状态）、人的不安全行为、环境不良（环境不安全条件）及管理缺陷等因素。

考点 2 施工生产常见危险源

【答案】ACD

【解析】选项B错误，基坑/桩孔及边坡护壁必须按照设计进行施工。

选项E错误，危险区域必须设置警示标志和防护措施等。

考点 3 危险源辨识与风险评价方法

1.【答案】C

【解析】安全检查表法是指用检查表方式将一系列检查项目列出进行分析，以确定装置、设备、场所的状态是否符合安全要求，通过检查发现系统中存在的安全隐患，提出改进措施的一种方法。检查项目可以包括场地、周边环境、设施、设备、操作、管理等各方面。

2.【答案】C

【解析】LEC评价法侧重于风险评价，该方法用与风险有关的三种因素指标值的乘积来评价操作人员伤亡风险的大小。这三种因素分别是L（Likelihood，事故发生的可能性）、E（Exposure，人员暴露于危险环境中的频繁程度）和C（Consequence，一旦发生事故可能造成的后果）。

考点 4 全员安全生产责任制

1.【答案】A

【解析】全员安全生产责任制应包括所有从业人员的安全生产责任，明确从主要负责人到一线从业人员（含劳务派遣人员、实习学生等）的安全生产责任、责任范围和考核标准。从人员安全生产责任角度看，要“横向到边、纵向到底”。

2.【答案】B

【解析】企业全员安全生产责任制应长期公示的内容包括所有层级、所有岗位的安全生产责任、安全生产责任范围和安全生产责任考核标准等。

考点 5 安全生产费用提取、管理和使用制度

1.【答案】B

【解析】铁路工程的提取标准是3%；矿山工程的提取标准是3.5%，为所列工程中最高；水利水电工程的提取标准是2.5%；市政公用工程的提取标准是1.5%。

2.【答案】D

【解析】企业职工薪酬、福利不得从企业安全生产费用中支出。

3.【答案】ABDE

【解析】选项A正确，安全生产检查、评估评价的支出需从安全生产费用中列支。

选项B正确，安全生产适用的新技术的推广应用支出是允许的支出范围。

选项C错误，新建项目安全评价支出不应该从安全生产费用中列支。

选项D正确，安全设施及特种设备检测检验支出需要从安全生产费用中列支。

选项E正确，企业从业人员发现报告事故隐患的奖励支出是允许的支出项目。

考点 6 安全生产教育培训制度

1.【答案】B

【解析】企业主要负责人和安全生产管理人员初次安全培训时间不得少于32学时。每年再培训时间不得少于12学时。

2.【答案】D

【解析】施工项目部级岗前安全培训内容应包括：

（1）工作环境及危险因素。

（2）所从事工种可能遭受的职业伤害和伤亡事故。

（3）所从事工种的安全职责、操作技能及强制性标准。

（4）自救互救、急救方法、疏散和现场紧急情况的处理。

（5）安全设备设施、个人防护用品的使用和

维护。

(6) 本项目安全生产状况及规章制度。

(7) 预防事故和职业危害的措施及应注意的安全事项。

(8) 有关事故案例。

(9) 其他需要培训的内容。

考点 7 安全生产许可制度

1. 【答案】D

【解析】选项 A 错误，安全生产许可证有效期为 3 年。

选项 B 错误，企业应该在期满前 3 个月办理延期手续。

选项 C 错误，企业在安全生产许可证有效期内，严格遵守有关安全生产的法律法规，未发生死亡事故的，安全生产许可证有效期届满时，经原安全生产许可证颁发管理机关同意，不再审查，安全生产许可证有效期延期 3 年。

2. 【答案】B

【解析】建筑施工企业变更名称、地址、法定代表人等，应当在变更后 10 日内，到原安全生产许可证颁发管理机关办理安全生产许可证变更手续。

考点 8 管理人员及特种作业人员持证上岗制度

1. 【答案】D

【解析】特种作业人员的条件之一是年满 18 周岁，且不超过国家法定退休年龄。

2. 【答案】C

【解析】建筑施工特种作业人员包括建筑电工、建筑架子工、建筑起重信号司索工、建筑起重机械司机、建筑起重机械安装拆卸工、高处作业吊篮安装拆卸工和经省级以上人民政府住房和城乡建设主管部门认定的其他特种作业人员等。

3. 【答案】ACE

【解析】选项 B 错误，特种作业人员年龄上限不超过国家法定退休年龄。

选项 D 错误，特种作业人员在特种作业操作证有效期内，连续从事本工种 10 年以上，严格遵守有关安全生产法律法规的，经原考核发证机关或者从业所在地考核发证机关同意，特种作业操作证的复审时间可以延长至每 6 年 1 次。

考点 9 重大危险源管理制度

【答案】D

【解析】选项 D 错误，在危险源监控和管理过程中，需做好检查、检测、检验情况的文字记录，并建立档案。

考点 10 劳动保护用品使用管理制度

1. 【答案】D

【解析】选项 A 错误，劳动保护用品必须以实物形式发放，不得以货币或其他物品替代。

选项 B 错误，企业必须免费为施工作业人员提供劳动保护用品。

选项 C 错误，企业更换已损坏或已到使用期限的劳动保护用品时，不得收取或变相收取任何费用。

选项 D 正确，符合"谁用工，谁负责"的原则，企业必须按国家规定免费发放劳动保护用品。

2. 【答案】C

【解析】企业采购劳动保护用品时，应查验劳动保护用品生产厂家或供货商的生产、经营资格，验明商品合格证明和商品标识，以确保采购劳动保护用品的质量符合安全使用要求。

考点 11 安全生产检查制度

1. 【答案】A

【解析】施工企业安全生产检查应包括下列内容：

(1) 安全管理目标的实现程度。

(2) 安全生产职责的履行情况。

(3) 各项安全生产管理制度的执行情况。

(4) 施工现场管理行为和实物状况。

(5) 生产安全事故、未遂事故和其他违规违法事件的报告调查、处理情况。

(6) 安全生产法律法规、标准规范和其他要求的执行情况。

2.【答案】ABCE

【解析】安全生产检查管理的要求：

(1) 安全生产检查管理应包括安全检查的内容、形式、类型、标准、方法、频次、整改、复查等工作内容。

(2) 施工企业安全生产检查应配备必要的检查、测试器具，对存在的问题和隐患，应定人、定时间、定措施组织整改，并应跟踪复查直至整改完毕。

(3) 施工企业对安全检查中发现的问题，宜按隐患类别分类记录，定期统计，并应分析确定多发和重大隐患类别，制定实施治理措施。

(4) 施工企业应建立并保存安全生产检查资料和记录。

考点12 安全生产会议制度

1.【答案】ABE

【解析】选项C错误，项目经理及其他项目管理人员应分头定期不定期地检查或参加各类安全活动会议。

选项D错误，项目专职安全生产管理员应不定期地抽查班组班前安全活动记录，而不是定期抽查。

2.【答案】BCD

【解析】不定期安全生产会议包括安全生产技术交底会、安全生产专题会、安全生产事故分析会、安全生产现场会。

考点13 施工设施、设备和劳动防护用品安全管理制度

【答案】D

【解析】选项A错误，施工企业应定期分析施工设施、设备、劳动防护用品及相关的安全检测器具的安全状态。

选项B错误，施工企业应自行设计或优先选用标准化、定型化、工具化的安全防护设施。

选项C错误，生产经营活动内容可能包含机械设备的施工企业，应按规定设置相应的设备管理机构或者配备专职的人员进行设备管理。

考点14 安全生产考核和奖惩制度

【答案】ABDE

【解析】安全生产考核应包括下列内容：

(1) 安全目标实现程度。

(2) 安全职责履行情况。

(3) 安全行为。

(4) 安全业绩。

(5) 施工企业应针对生产经营规模和管理状况，明确安全生产考核的周期，并应及时兑现奖惩。

第三节 专项施工方案及施工安全技术管理

考点1 专项施工方案编制对象

1.【答案】D

【解析】《建设工程安全生产管理条例》规定，对下列达到一定规模的危险性较大的分部分项工程，施工单位应编制专项施工方案，并附具安全验算结果，经施工单位技术负责人、总监理工程师签字后实施，由专职安全生产管理人员进行现场监督：

(1) 基坑支护与降水工程。

(2) 土方开挖工程。

(3) 模板工程。

(4) 起重吊装工程。

(5) 脚手架工程。

(6) 拆除、爆破工程。

(7) 国务院建设行政主管部门或者其他有关部门规定的其他危险性较大的工程。

2.【答案】B

【解析】选项B错误，专项施工方案必须由专职安全生产管理人员进行现场监督。

考点2 专项施工方案内容

1.【答案】C

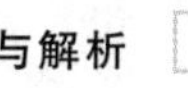

【解析】专项施工方案编制依据包括相关法律、法规、规范性文件、标准、规范及施工图设计文件、施工组织设计等。

2. 【答案】ABDE

【解析】专项施工方案的主要内容应包括工程概况、编制依据、施工计划、施工工艺技术、施工安全保证措施、施工管理及作业人员配备和分工、验收要求、应急处置措施和计算书及相关施工图纸。

考点 3 专项施工方案编制和审查程序

【答案】C

【解析】专项施工方案论证不通过时，施工单位需要对方案进行修改并按照规定的要求重新组织专家论证。

考点 4 施工安全技术措施

1. 【答案】B

【解析】在进行临边作业时，若距坠落高度基准面达到2m及以上时，应在临空一侧设置防护栏杆，并采用密目式安全立网或工具式栏板封闭。

2. 【答案】D

【解析】使用单梯时，梯面应与水平面成75°夹角。

3. 【答案】ABCE

【解析】选项D错误，高处作业人员应佩带工具袋，装入小型工具、小材料和配件等，防止坠落伤人。

考点 5 安全防护设施、用品技术要求

1. 【答案】B

【解析】选项A错误，仅增加一道是不够的，需要根据实际高度增加横杆，保证间距。

选项B正确，当防护栏杆高度大于1.2m时，应增设横杆，横杆间距不应大于600mm。

选项C错误，即使挡脚板高度符合标准，对于高度超过1.2m的防护栏杆，还是需要增加横杆。

选项D错误，减少横杆会降低防护效果，与安全要求相悖。

2. 【答案】B

【解析】当安全防护棚采用脚手片时，层间距600mm，铺设方向应互相垂直。

3. 【答案】B

【解析】安全带冲击作用力应小于或等于6kN。

4. 【答案】ABDE

【解析】选项C错误，侧向刚性要求最大变形不应大于40mm，残余变形不应大于15mm，帽壳不得有碎片脱落。

考点 6 施工安全技术交底

1. 【答案】D

【解析】选项A错误，首先由项目技术负责人向施工员、班组长、分包单位技术负责人交底，然后班组长再向操作工人交底，这是逐级交底的过程。

选项B错误，除了项目技术负责人，施工员、班组长、分包单位技术负责人都需要参与交底工作。

选项C错误，根据规定，安全技术交底后需双方签字确认，不能仅依靠口头说明。

2. 【答案】ABCD

【解析】施工安全技术交底的主要内容：

(1) 工程项目和分部分项工程的概况。

(2) 施工项目的施工作业特点和危险点。

(3) 针对危险点的具体预防措施。

(4) 作业中应遵守的安全操作规程及应注意的安全事项。

(5) 作业人员发现事故隐患应采取的措施。

(6) 发生事故后应及时采取的避难和急救措施。

第四节 施工安全事故应急预案和调查处理

考点 1 安全风险分级管控

1. 【答案】C

【解析】安全风险等级从高到低划分为重大

风险、较大风险、一般风险和低风险，分别用红、橙、黄、蓝四种颜色标示。

2. 【答案】D

【解析】施工企业根据风险评估结果，针对安全风险特点，从组织、制度、技术、应急等方面对安全风险进行有效管控。通过隔离危险源、采取技术手段、实施个体防护、设置监控设施等措施，达到回避、降低和监测风险的目的。

选项D错误，减少员工培训频次不仅非有效管控措施，反而可能增加风险。

3. 【答案】AB

【解析】选项C、D、E属于制度方面的措施。

考点2 安全事故隐患治理体系

【答案】ABCD

【解析】重大事故隐患报告内容应包括：

(1) 隐患的现状及其产生原因。

(2) 隐患的危害程度和整改难易程度分析。

(3) 隐患的治理方案。

选项E属于重大事故隐患治理方案的内容。

考点3 安全事故隐患治理“五落实”

1. 【答案】C

【解析】落实隐患排查治理预案：要求企业制定隐患排查治理预案，明确和细化隐患排查的事项、内容和频次，制定符合企业实际的隐患排查治理清单。

2. 【答案】ABCD

【解析】选项E错误，隐患排查治理预案需要包含排查的事项、内容、频次和治理清单。

考点4 安全事故应急预案

1. 【答案】C

【解析】施工生产安全事故应急预案体系由综合应急预案、专项应急预案、现场处置方案组成。

2. 【答案】C

【解析】选项A错误，无论是综合应急预案、专项应急预案还是现场处置方案，它们的内容都包含事故风险描述。

选项B错误，如果专项应急预案与综合应急预案中的应急组织机构、应急响应程序相近，可以不编写专项应急预案，相应的应急处置措施并入综合应急预案。

选项C正确，现场处置方案是针对具体场所、装置或设施所制定的应急处置措施，注重事故风险描述、应急工作职责等内容。

选项D错误，综合应急预案是指企业为应对各种生产安全事故而制定的综合性工作方案。

3. 【答案】C

【解析】选项A错误，与所评审应急预案的企业有利害关系的评审人员应当回避，以保证评审的公正性。

选项B错误，应急预案论证不是仅限于实地考察，还可以通过推演的方式开展。

选项D错误，评审形式包括内部评审，还应该邀请有相关经验的外部专家参与。

考点5 施工安全事故等级

1. 【答案】D

【解析】依据《生产安全事故报告和调查处理条例》，按生产安全事故（以下简称事故）造成的人员伤亡或者直接经济损失规模，事故分为：

(1) 特别重大事故，是指造成30人以上（以上包含本数，下同）死亡，或者100人以上重伤（包括急性工业中毒，下同），或者1亿元以上直接经济损失的事故。

(2) 重大事故，是指造成10人以上30人以下（以下不包含本数，下同）死亡，或者50人以上100人以下重伤，或者5000万元以上1亿元以下直接经济损失的事故。

(3) 较大事故，是指造成3人以上10人以下死亡，或者10人以上50人以下重伤，或者1000万元以上5000万元以下直接经济损失的事故。

(4) 一般事故，是指造成3人以下死亡，或者10人以下重伤，或者1000万元以下直接经济损失的事故。

2. 【答案】A

【解析】根据《生产安全事故报告和调查处理条例》，特别重大事故，是指造成30人以上死亡，或者100人以上重伤（包括急性工业中毒），或者1亿元以上直接经济损失的事故。

3. 【答案】C

【解析】较大事故，是指造成3人以上10人以下死亡，或者10人以上50以下重伤，或者1000万元以上5000万元以下直接经济损失的事故。

4. 【答案】D

【解析】特别重大事故，是指造成30人以上死亡，或者100人以上重伤，或者1亿元以上直接经济损失的事故。

考点6 施工安全事故应急救援

【答案】ABDE

【解析】应急救援的基本任务如下：

(1) 立即组织营救受害人员，组织撤离或者采取其他措施保护危害区域内的其他人员。抢救受害人员是应急救援的首要任务，在应急救援行动中，快速、有序、有效地实施现场急救与安全转送伤员是降低伤亡率，减少事故损失的关键。

(2) 迅速控制事态，并对事故造成的危害进行检测、监测，测定事故的危害区域、危害性质及危害程度，及时控制住造成事故的危险源是应急救援工作的重要任务，只有及时控制住危险源，防止事故的继续扩展，才能及时有效进行救援。

(3) 消除危害后果，做好现场恢复。针对事故对人体、动植物、土壤、空气等造成的现实危害和可能的危害，迅速采取封闭、隔离、洗消、监测等措施，防止对人的继续危害和对环境的污染。及时清理废墟和恢复基本设施，将事故现场恢复至相对稳定的基本状态。

(4) 查清事故原因，评估危害程度。事故发生后应及时调查事故发生的原因和事故性质，评估出事故的危害范围和危险程度，查明人员伤亡情况，做好事故调查。

考点7 施工安全事故报告

1. 【答案】B

【解析】事故发生后，事故现场有关人员应当立即向本单位负责人报告；本单位负责人接到报告后，应当在1h内向事故发生地县级以上人民政府建设主管部门和负有安全生产监督管理职责的有关部门报告。实行施工总承包的建设工程，由总承包单位负责上报事故。

2. 【答案】A

【解析】事故发生后，事故现场有关人员应当立即向本单位负责人报告；本单位负责人接到报告后，应当在1h内向事故发生地县级以上人民政府建设主管部门和负有安全生产监督管理职责的有关部门报告。

3. 【答案】A

【解析】事故报告后出现新情况的，应当及时补报。自事故发生之日起30日内，事故造成的伤亡人数发生变化的，应当及时补报。道路交通事故、火灾事故自发生之日起7日内，事故造成的伤亡人数发生变化的，应当及时补报。

4. 【答案】D

【解析】选项A错误，生产安全事故发生后，施工单位负责人接到报告后，应在1小时内向事故发生地县级以上人民政府建设主管部门和有关部门报告。

选项B错误，情况紧急时，事故现场有关人员可以直接向事故发生地县级以上人民政府建设主管部门和有关部门报告。

选项C错误，一般事故上报至设区的市级人民政府应急管理部门和负有安全生产监督管理职责的有关部门。

考点 8　施工安全事故调查

1.【答案】B

【解析】事故调查组应当自事故发生之日起60日内提交事故调查报告；特殊情况下，经负责事故调查的人民政府批准，提交事故调查报告的期限可以适当延长，但延长的期限最长不超过60日。

2.【答案】C

【解析】事故调查组履行下列职责：

(1) 查明事故发生的经过、原因、人员伤亡情况及直接经济损失。

(2) 认定事故的性质和事故责任。

(3) 提出对事故责任者的处理建议。

(4) 总结事故教训，提出防范和整改措施。

(5) 提交事故调查报告。

3.【答案】ABDE

【解析】事故调查报告包括下列内容：

(1) 事故发生单位概况。

(2) 事故发生经过和事故救援情况。

(3) 事故造成的人员伤亡和直接经济损失。

(4) 事故发生的原因和事故性质。

(5) 事故责任的认定以及对事故责任者的处理建议。

(6) 事故防范和整改措施。

考点 9　施工安全事故处理

1.【答案】C

【解析】选项A错误，选项C正确，特别重大事故，负责事故调查的人民政府应当自收到事故调查报告后30日内做出批复，特殊情况下，批复时间可以适当延长，但延长时间最长不超过30日。

选项B、D错误，重大事故、较大事故、一般事故，负责事故调查的人民政府应当自收到事故调查报告之日起15日内做出批复。

2.【答案】B

【解析】特别重大事故，负责事故调查的人民政府应当自收到事故调查报告后30日内做出批复，特殊情况下，批复时间可以适当延长，但延长时间最长不超过30日。

3.【答案】B

【解析】选项B错误，事故处理的情况由负责事故调查的人民政府或者其授权的有关部门、机构向社会公布，依法应当保密的除外。

第七章　绿色施工及环境管理

第一节　绿色施工管理

考点 1　绿色施工相关理念原则和方法

1. 【答案】A

【解析】"3R"原则是减量化（Reduce）、再利用（Reuse）及再循环（Recycle）。

2. 【答案】D

【解析】"三清一控"包括清洁的原料与能源、清洁的生产过程、清洁的产品和贯穿于清洁生产的全过程控制。

选项D不属于"三清一控"的内容。

3. 【答案】ACD

【解析】选项A、C、D均为绿色施工的实践方法，与节能、环保相关。

选项B、E违反绿色施工的原则，导致环境污染和资源浪费，不是正确的绿色施工方法。

4. 【答案】ABCD

【解析】绿色施工的基本内容是：

(1) 节材与材料资源利用。包括结构材料、围护材料、装饰装修材料、周转材料等方面的节约措施和绿色材料利用。

(2) 节水与水资源利用。包括提高用水效率、非传统水资源利用和用水安全。

(3) 节能与能源利用。包括机械设备与机具，生产、生活及办公临时设施，施工用电及照明等方面的节能措施和可再生能源利用。

(4) 节地与施工用地保护。包括临时用地保护和施工总平面布置优化。

(5) 环境保护。包括扬尘控制、噪声振动控制、光污染控制、水污染控制、土壤保护、建筑垃圾控制、地下设施和资源保护等。

考点 2　各方主体绿色施工具体职责

1. 【答案】C

【解析】选项A描述的是工程监理单位的职责。

选项B描述的是在总承包管理建设工程中总承包单位的职责。

选项D描述的是监理单位的职责。

2. 【答案】C

【解析】选项C错误，总承包单位需要对专业承包单位的绿色施工实施管理，而专业承包单位则应对工程承包范围的绿色施工负责。

3. 【答案】A

【解析】选项B、D是施工单位的职责；选项C是设计单位的职责。

4. 【答案】ABCE

【解析】建设单位绿色施工职责：

(1) 在编制工程概算和招标文件时，应明确绿色施工的要求，并提供包括场地、环境、工期、资金等方面的条件保障。

(2) 应向施工单位提供建设工程绿色施工的设计文件、产品要求等相关资料，保证资料的真实性和完整性。

(3) 应建立建设工程绿色施工的协调机制。

选项D错误，编制绿色施工方案是施工单位的职责。

考点 3　绿色施工管理措施

1. 【答案】B

【解析】选项A错误，绿色施工方案不仅仅只包含节材措施和节水措施。

选项C错误，绿色施工方案包含的内容不止这两项。

选项D错误，绿色施工方案包含设备材料管理的措施。

2. 【答案】D

【解析】排放和减量化管理包括：

(1) 应按照分区划块原则，规范施工污染排放和资源消耗管理，进行定期检查或测量，实施预控和纠偏措施，保持现场良好的作业环境和卫生条件。

(2) 施工单位应制定建筑垃圾减量化计划，如每万平方米住宅建筑的建筑垃圾不宜超过400t；编制建筑垃圾处理方案，采取污染防治措施，设专人按规定处置有毒有害物质。

考点 4　绿色施工技术措施

1. 【答案】C

【解析】《建筑施工场界环境噪声排放标准》(GB 12523—2011) 规定，昼间场界环境噪声排放限值为70dB (A)，夜间场界环境噪声排放限值为55dB (A)。夜间噪声最大声级超过限值的幅度不得高于15dB (A)。

2. 【答案】B

【解析】选项B错误，噪声测量应根据施工场地周围噪声敏感建筑物位置和声源位置的布局，将测点设在对噪声敏感建筑物影响较大、距离较近的位置。测点通常应设在建筑施工场界外1m、高度1.2m以上的位置。

3. 【答案】C

【解析】鼓励就地取材，施工现场500km以内生产的建筑材料用量占建筑材料总重量的70%以上，宜优先选用获得绿色建材评价认证标识的建筑材料和产品。

第二节　施工现场环境管理

考点 1　环境管理体系的基本理念和核心内容

【答案】D

【解析】组织所处环境是指与组织的宗旨相关、并影响其实现环境管理体系预期结果的能力的问题。这些问题包括组织外部的环境状况，以及外部的文化、社会、政治、法律等问题和组织内部的特征或条件。

考点 2　环境管理体系的建立和运行

1. 【答案】D

【解析】初始环境评审：

(1) 确定企业环境和确定相关方要求。

①确定企业环境。为了建立、实施、保持和持续改进环境管理体系，首先应确定与其宗旨相关并影响其实现环境管理体系预期结果能力的问题。建筑企业外部问题包括：政治、经济、社会、市场、金融、技术、竞争、文化、司法和自然环境等。建筑企业内部问题包括：企业组织结构，企业战略方向，企业活动、产品和服务的性质、规模和环境影响，企业司法记录、现状及趋势，企业能力，企业信息系统，企业文化，企业管理制度，企业与相关方的合作等。

②确定相关方要求。相关方的需求和期望是建筑企业环境管理体系的输入，是企业确定环境管理体系范围、制定环境方针、确定合规义务、识别风险和机遇、建立环境目标的依据。

(2) 确定环境管理体系范围。

(3) 确定环境管理体系过程。

(4) 制定方针，确定岗位职责权限。

2. 【答案】C

【解析】《环境管理体系　要求及使用指南》(GB/T 24001—2016) 要求保留的文件化信息包括：

(1) 能力的证据。

(2) 信息交流的证据。

(3) 监视、测量、分析和评价结果。

(4) 合规性评价结果。

(5) 内部审核方案实施和审核结果。

(6) 管理评审结果。

(7) 不符合的性质和所采取的任何后续措施。

(8) 任何纠正措施的结果。

3. 【答案】C

【解析】最高管理者应确保环境方针的建立，并与建筑企业的战略方向及所处的环境相一致。

考点 3　文明施工的作用及管理理念

【答案】C

【解析】"8S"管理理念：文明施工作为施工

现场管理的重要工作，应贯彻“8S”管理理念。首先，要对施工现场的各种要素进行整理(Seri)、整顿（Seiton)、清扫（Seiso)、清洁(Seiketsu)，并考虑人的素养（Shitsuke)。上述五大要素在日语中罗马发音均以“S”打头，故称为“5S”。在此基础上，增加安全(Safety）要素，即称为“6S”。之后，又增加了节约（Save）和学习（Study）两大要素，即成为当今施工现场的“8S”管理理念。

考点 4 文明施工管理目标及工作要求

1. **【答案】** C

【解析】 建筑企业及施工项目部应努力做到文明施工管理的“六化”：现场管理制度化、安全设施标准化、现场布置条理化、机料摆放定置化、作业行为规范化、环境协调和谐化。

2. **【答案】** C

【解析】 选项C错误，文明施工管理要求保护环境，而不能忽视对环境的保护。

考点 5 施工现场环境保护措施

1. **【答案】** C

【解析】“控制项”是指绿色施工过程中必须达到的基本要求条款。对于施工现场环境保护而言，“控制项”包括以下内容：

(1）应建立环境保护管理制度。

(2）绿色施工策划文件中应包含环境保护内容。

(3）施工现场应在醒目位置设环境保护标识。

(4）应对施工现场的古迹、文物、墓穴、树木、森林及生态环境等采取有效保护措施，制定地下文物应急预案。

(5）施工现场不应焚烧废弃物。

(6）土方回填不得采用有毒有害废弃物。

选项C是“一般项”的内容。

2. **【答案】** A

【解析】 选项B错误，吸声降噪屏是针对噪声控制的措施，非扬尘控制措施。

选项C错误，弃土场应封闭并进行临时性绿化。

选项D错误，散装水泥、预拌砂浆应有密闭防尘措施。

3. **【答案】** ACDE

【解析】 施工现场噪声控制应符合下列规定：

(1）针对现场噪声源，应采取隔声、吸声、消音等措施，降低现场噪声。

(2）应采用低噪声设备施工。

(3）噪声较大的机械设备应远离现场办公区、生活区和周边敏感区。

(4）混凝土输送泵、电锯等机械设备应设置吸声降噪屏或其他降噪措施。

(5）施工作业面应设置降噪设施。

(6）材料装卸应轻拿轻放，控制材料撞击噪声。

(7）封闭及半封闭环境内噪声不应大于85dB。

4. **【答案】** ACE

【解析】 施工现场污水排放应符合下列规定：

(1）现场道路和材料堆放场地周边应设置排水沟。

(2）工程污水和试验室养护用水应处理合格后，排入市政污水管道，检测频率不应少于1次/月。

(3）现场厕所应设置化粪池，化粪池定期清理。

(4）工地厨房应设置隔油池，定期清理。

(5）工地生活污水、预制场和搅拌站等施工污水应达标排放和利用。

(6）钻孔桩作业应采用泥浆循环利用系统，不应外溢漫流。

5. **【答案】** C

【解析】“优选项”是指绿色施工过程中实施难度较大、要求较高的条款。对于施工现场环境保护而言，“优选项”包括以下内容：

(1）施工现场宜设置可移动环保厕所，并定期清运、消毒。

(2）现场宜采用自动喷雾（淋）降尘系统。

(3）场界宜设置扬尘自动监测仪，动态连续定量监测扬尘（TSP、PM_{10}）。

（4）场界宜设置动态连续噪声监测设施，显示昼夜噪声曲线。

（5）建筑垃圾产生量不宜大于210t/万m²。

（6）宜采用地磅或自动监测平台，动态计量固体废弃物重量。

（7）现场宜采用雨水就地渗透措施。

（8）宜采用生态环保泥浆、泥浆净化器反循环快速清孔等环境保护技术。

（9）宜采用装配式方法施工。

第八章　施工文件归档管理及项目管理新发展

第一节　施工文件归档管理

考点1　施工文件归档范围

【答案】BCD

【解析】施工单位必须归档保存的质量控制文件有：

(1) 质量事故报告及处理资料。

(2) 见证取样和送检人员备案表。

(3) 见证记录。

选项A属于进度控制文件；选项E属于施工管理文件。

考点2　施工文件立卷

1.【答案】A

【解析】选项A错误，施工文件应按施工准备、施工过程、竣工验收不同阶段分别进行立卷，把三个阶段的文件混合在一个案卷内违反了立卷原则。

2.【答案】C

【解析】选项A错误，电子文件与纸质文件一样，也需要进行立卷。

选项B错误，电子文件在案卷设置上应该与纸质文件一致，以便于文件的管理与查找。

选项D错误，电子文件应与纸质文件建立相应的标识关系。

考点3　施工文件归档

1.【答案】D

【解析】施工文件应采用碳素墨水、蓝黑墨水等耐久性强的书写材料，不得使用红色墨水、纯蓝墨水、圆珠笔、复写纸、铅笔等易褪色的书写材料。计算机输出文字和图件应使用激光打印机，不应使用色带式打印机、水性墨打印机和热敏打印机。

2.【答案】D

【解析】选项D错误，竣工图章应使用不易褪色的印泥，水性墨印泥易褪色，因此不符合要求。

3.【答案】C

【解析】归档的电子文件应采用开放式文件格式或通用格式进行存储。专用软件产生的非通用格式的电子文件应转换成通用格式。归档的电子文件应采用电子签名等手段，所载内容应真实和可靠，且必须与其纸质档案一致。

4.【答案】C

【解析】施工单位应在工程竣工验收前将其形成的有关工程档案向建设单位归档。

5.【答案】BD

【解析】工程档案的编制不少于两套，一套应由建设单位保管，一套（原件）应移交当地城建档案管理机构保存。

第二节　项目管理新发展

考点1　项目管理标准及价值交付

【答案】D

【解析】项目群管理是指组织为实现战略目标、获得收益而以一种综合协调方式对一组相关项目进行的管理。

考点2　建筑信息模型（BIM）在工程项目管理中的应用

1.【答案】C

【解析】施工BIM技术应用策划宜明确下列内容：

(1) BIM技术应用目标。

(2) BIM技术应用范围和内容。

(3) 人员组织架构和相应职责。

(4) BIM技术应用流程。

(5) 模型创建、使用和管理要求。

(6) 信息交换要求。

(7) 模型质量控制和信息安全要求。

(8) 进度计划和应用成果要求。

(9) 软硬件基础条件等。

2. 【答案】B

【解析】选项B错误，BIM技术在工程施工阶段的应用宜覆盖深化设计、施工模拟、竣工验收等全过程。

3. 【答案】C

【解析】在满足模型细度要求的前提下，扩展信息可使用文档、图形、图像、视频等形式。

4. 【答案】ACD

【解析】施工模型元素信息宜包括下列内容：

(1) 尺寸、定位、空间拓扑关系等几何信息。

(2) 名称、规格型号、材料和材质、生产厂商、功能与性能技术参数，以及系统类型、施工段、施工方式、工程逻辑关系等非几何信息。

亲爱的读者：

如果您对本书有任何**感受、建议、纠错**，都可以告诉我们。我们会精益求精，为您提供更好的产品和服务。

祝您顺利通过考试！

扫码参与调查

环球网校建造师考试研究院